U0182394

模式识别技术丛书

煤矿井下视频图像处理技术

潘理虎　赵淑芳　陈立潮　著

科学出版社

北　京

内 容 简 介

视频监控智能分析技术是煤矿安全监控技术发展的重要方向。通过智能视频分析技术自动分析视频监控数据的异常现象，有助于及时发现监控场景中的突发事故并及时报警，对于生产过程的实时管理具有重要作用。亦可避免由人工监控带来的漏报和误报等问题，并能显著降低监控人员的工作量。

本书以煤矿井下生产人员的行为监控为研究对象，针对煤矿井下视频监控的特点，重点描述如何使视频图像更清晰和如何准确高效地检测出煤矿场景中的人员和环境目标；研究了煤矿井下复杂环境中的图像增强、图像分割、图像检测、人脸跟踪特征提取和识别等方面的多种算法。

本书可供煤矿领域相关人员及从事视频监控研究工作的专业技术人员阅读，也可作为计算机及相关专业高年级本科生和研究生的参考书。

图书在版编目（CIP）数据

煤矿井下视频图像处理技术/潘理虎，赵淑芳，陈立潮著. —北京：科学出版社，2021.5
　（模式识别技术丛书）
　ISBN 978-7-03-058400-7

Ⅰ.①煤⋯　Ⅱ.①潘⋯　②赵⋯　③陈⋯　Ⅲ.　①视频信号-图像处理-应用-煤矿开采　Ⅳ.①TD82-39

中国版本图书馆 CIP 数据核字（2018）第 171145 号

责任编辑：王会明 / 责任校对：赵丽杰
责任印制：吕春珉 / 封面设计：耕者设计工作室

科学出版社 出版
北京东黄城根北街 16 号
邮政编码：100717
http://www.sciencep.com

三河市骏杰印刷有限公司印刷

科学出版社发行　　各地新华书店经销

＊

2021 年 5 月第 一 版　　开本：B5（720×1000）
2021 年 5 月第一次印刷　　印张：9 1/4
字数：183 000
定价：79.00 元
（如有印装质量问题，我社负责调换〈骏杰〉）
销售部电话 010-62136230　编辑部电话 010-62135397-2008

前　　言

我国煤炭开采工作环境多为井工煤矿，地质环境复杂，事故发生率较高。在井下应用远程视频监控及数字图像压缩技术可以记录煤矿井下工作的详细情况，也可以使地面监控室的工作人员观测到监控区域的生产状况。应用远程视频监控智能分析技术不仅可以尽早发现煤矿开采工作环境存在的安全隐患，预防矿难的发生，还可以在事故发生后为事故后期分析提供图像资料。井下视频监控智能分析技术在目前煤矿井下安全监控系统的研究中占据重要位置。

本书共分 11 章。第 1 章分析了煤矿井下视频监控及人脸识别的研究目的，介绍了视频监控及人脸识别技术的国内外研究现状；第 2 章介绍了视频监控相关技术与理论；第 3 章详细描述了煤矿井下尘雾图像增强算法；第 4 章论述了煤矿井下人员检测技术；第 5 章采用 HSV 模型和 YCbCr 模型研究了火焰识别规则，并结合 VIBE 算法给出了一种实时火灾图像分割算法；第 6 章设计实现了基于 SVM 的火焰检测算法；第 7 章介绍了人脸检测、人脸跟踪和人脸识别相关技术及其理论；第 8 章介绍了基于 ASM 的人脸检测与跟踪方法，并给出了适用于矿井环境的矿井人员人脸检测算法和人脸跟踪算法；第 9 章给出了一种基于 Shearlet 变换的煤矿井下图像差异性特征提取方法；第 10 章介绍了稀疏描述方法并给出了一种差异性 Shearlet 特征的快速稀疏描述人脸识别方法；第 11 章对本书的研究工作进行总结，并对下一步的工作做出安排。

本书得到"十二五"山西省科技重大专项项目"基于人-机-环联动煤矿井下生产全过程监测预警及重大事故救援指挥集成系统研究"和山西省-中国科学院科技合作重大项目"基于地理特征数据的煤矿安全生产关键技术研究"的支持。在此向山西省科技厅的大力支持表示感谢。

本书从提纲规划、文字撰写到书稿完成都离不开老师和同学们的支持与帮助。感谢太原科技大学郭勇义教授在团队成长和项目实施过程中的无私帮助和支持；感谢张英俊、谢斌红、翁自觉、谢建林、李川田等各位老师的关心和支持；感谢团队研究生杜明本、雷耀花、黄玉、张秀琴、万航、解丹、郑佳敏等同学的辛勤工作。

作　者

2020 年 6 月

目　　录

第1章 绪　　论

我国煤矿分布的区域，大多地质、水文条件复杂，井工煤矿比例大，煤层分布不均匀，且多存在于地下很深处，灾害发生率较高。这些地区常常发生各种自然灾害，而且矿井的安全生产受到水灾、瓦斯等因素的影响。多年来，煤矿的安全监管问题深受国家安全生产管理部门的高度重视，其安全事故高发的情况相较前些年有了明显改善。尽管如此，国内煤矿行业事故发生率与其他生产行业相比仍然很高，煤矿安全生产仍是亟待解决的难题之一。

视频监控是煤矿安全生产监控常用的技术手段之一，在提高煤矿安全生产水平方面发挥了重要作用。利用远程视频监控技术，地面监控室的工作人员可以清晰明确地观测到工作区人员的分布情况。运用视频图像智能分析技术，不仅可以第一时间发现存在的安全隐患，预防矿难的发生，还可为事故后期分析提供第一手图像资料。智能视频监控技术的优点使其在目前煤矿安全领域应用技术研究中占据重要的位置。

1.1　煤矿井下视频监控系统概述

随着计算机技术和自动控制技术的飞速发展和应用推广，新一代信息技术逐渐应用到了煤矿井下安全监控系统中，加速了煤矿井下安全生产信息化、自动化和智能化的发展和普及。尤其是煤矿井下视频监控系统，已经普遍应用到煤矿生产过程关键环节的监控中，并取得了良好的应用效果。但是，我国现阶段使用的煤矿井下视频监控系统大多自动化程度较差，信息传递效率不高，监控点布置分散，不能获得矿井的完整信息，进而影响全矿井安全生产数字化监控。这些问题在很大程度上阻碍了煤矿事故预警以及灾后救援工作。

煤矿井下的视频监控系统是在满足大型矿难发生前的预报和发生后人员抢救等方面的需求下发展起来的。煤矿井下视频监控系统包括矿井下的监控报警终端、矿井外的安全监控中心以及信息通信网 3 部分。井下各处的人员分布情况可以通过监控终端传送到监控中心进行分析处理（这些信息包括人员的分布、采煤设备是否通电、各区域的瓦斯浓度是否正常等）。监控中心的工作人员可以借助监控系统实时掌握井下的情况，通过监控信息处理完成安全情况、开采进度的分析，一旦发现安全隐患，可以及时报警并通知矿工撤离，然后由管理人员排查原因解决问题。视频监控系统存储的现场视频可用来分析事故发生的原因、逃生路线等现场情况，为之后的安全防控提供第一手资料。

现阶段国内外很多煤矿企业采用的煤矿井下视频监控系统仍然存在很多问题。例如，煤矿井下的视频监控系统不具有自动分析功能，导致在出现危险情况时不能及时做出决策，不能给出最佳的处理办法；煤矿井下安全监控系统只是记录了大量的数据，并不能给出安全管理决策建议；使用的网络通信协议不具有国际通用性，致使系统升级和扩展难度很大；在矿井外面不能及时发现井下设备发生故障并进行排修；多数系统不能完成多主体的联动和闭锁功能。

煤矿井下的视频监控系统应将危险预测和灾后处理作为研究的首要任务。为了能够发挥煤矿视频监控系统的预警和灾后抢救功能，需要深入分析监控系统的通信能力、数据的交互程度、系统的升级可扩展性能、设备的远程维护等问题。只有这些问题得到解决，系统才能很好地实现安全防护功能。目前，煤矿井下的视频监控系统基本上是完全孤立的系统。这种缺少联动性的系统给安全防护的管理工作带来许多问题，在发生灾害危险事故时缺少抢救工作急需的关键信息。因此，需要构建一个信息共享的煤矿井下视频监控系统，将其与现在使用的煤矿安全监测系统相结合。可将异构数据都集成到该系统中，仅使用网络服务器、传感器和摄像头等器材就能够实现子系统的独立监控，并在监控中心将采集到的各类信息统一进行处理分析。

此外，提高视频监控系统的智能性不仅能够降低监控人员繁杂的工作量，极大地提高报警的准确性，同时也能够避免错报和漏报等情况的发生。依托智能视频监控系统，借助计算机强大的数字图像处理及分析功能，监控人员可以迅速甄别和锁定每一帧视频中是否出现需引起注意的目标特征，如人员、绞车等。与传统监控系统相比，智能视频监控系统在效率和准确性上都高得多。目前，国内外关于煤矿井下智能视频监控系统的文献相对较少且不成熟。因此，研究煤矿井下的智能视频监控系统具有一定的理论意义和应用价值。视频图像分析、处理和目标跟踪技术正是实现智能视频监控系统的理论基础。

1.2 煤矿井下视频监控的特点

煤矿井下视频监控的需求与交通、室内、候车室、楼道等公共场所不同。煤矿井下阴暗、无光源，需采用不间断的人工照明方式照明，同时还受潮湿和悬浮煤尘等的影响。煤矿井下的视频图像一般具有以下特点。

（1）视频图像中的亮度分布不均匀。这是由人工照明条件引起的，点光源照明使得在当前监控场景中，离光源近的区域亮度高，还有可能存在镜面反射使图像呈现全白；同时离光源远的区域，亮度逐渐降低，使目标物体的轮廓变得模糊不清。

（2）视频图像亮度整体偏暗。由于在煤矿井下使用的是人工照明光源，虽然照射面积广，但不能达到自然光的强度。在远离这些照明设备的监控区域，整个图像呈现出亮度不足的现象。

（3）采集的视频图像大多为灰度图像。煤矿井下矿工常常穿着深蓝色、深灰色等工作服下井，除了安全帽有橙色或其他醒目的颜色外，大部分背景环境和目标物体都是黑、白、灰等颜色，而且即使矿工的穿着具有足够鲜明的色彩信息，在矿井下长时间工作也很容易沾染煤灰，不再醒目。

针对（1）和（2）两个特点，要完成煤矿井下的监控任务需要使雾尘图像清晰化，对煤矿井下的视频图像清晰化处理之后，视频的细节、轮廓信息变得更加明显；再针对煤矿井下视频特点（3）不能使用色彩信息来完成煤矿井下矿工的实时监控过程，这就需要选择最适合的人员检测方法，并在此基础上做出改进以满足煤矿井下环境的要求。

1.3 煤矿井下视频监控理论与应用研究

1.3.1 人员检测技术方法研究

现阶段国内外的人员检测技术普遍应用于公共场所、公路隧道、国家军事等领域。关于人员检测相关技术的研究主要有两种方法，即基于模板匹配的方法和基于机器学习的方法。

1. 基于模板匹配的方法

使用模板匹配的方法进行人员检测需要提取数字图像中的一些底层特征，如肤色、纹理、外形轮廓等特征信息。可以使用 3 种模型来描述人体外形轮廓：Aggarwal 和 Cai（1999）提出了使用线图法表示的二维人体骨架模型，该模型使用多个线段描述人体的躯干和四肢等部分，其特点是简洁实用；Leung 和 Yang（1995）提出了人体轮廓投影模型，该模型用投影平面表示人体的轮廓，在描述背景减除法得到的人体剪影图像时效果良好；Deutscher 等（2000）提出了几何体模型，该模型使用椭圆柱、锥台、球体表示人体的形态特征，可用于描述丰富的人体姿态行为。

使用模板匹配的人员检测方法简便易懂，然而人体形态特征具有非刚性特点，因此需付出很大代价采集大量模板，才能获得准确的检测结果。在 1998～1999 年期间 Gavrila 等（1998，1999）、Viola 和 Jones（2003）提供了 2500 个行人的轮廓模板，并通过距离变换完成模板与待测图像的匹配工作，检测待测帧图像中是否存在人员目标。然而，随着模板数量的增加，匹配过程更加复杂，检测时间也随之增加，这是使用模板匹配方法完成人员检测工作一直无法克服的难题。鉴于传统的人员检测方法没有可以发展的方向，很多研究者开始另辟蹊径，采用模式识别中的机器学习技术完成人员检测。

2. 基于机器学习的方法

采用机器学习方法完成人员检测，需要经过分类器的训练和检测两个过程。在训练分类器时首先需要采集大量的包含人员目标和不包含人员目标的图像样本，并对其进行手工标注。包含人员目标的样本为正样本，不包含人员目标的样本为负样本。然后对正负样本进行特征提取，再将提取出来的高维特征向量降维之后使用分类算法来训练，得到一个能够完成人员检测的二值分类器。这个分类器的识别率是由很多因素决定的，如采集样本库的数量、选取特征、分类算法等。样本库不可能通用，它会受到应用环境的影响，若样本库与待测场景不符合训练出来的人员检测分类器，将不能满足目标需求。因此，正样本应当最大限度地包含人员能够出现的各种形态，负样本应包含绝大多数场景。样本数量越多得到的分类器越准确，研究人员通过大量的实验验证，一致认为检测效果较好的人员特征有 Haar-like 矩形特征和梯度方向直方图（histogram of gradients，HOG）特征。

（1）Haar-like 矩形特征。Viola 和 Jones（2003）提出了 Haar-like 特征，它是一种类 Haar 小波的矩形特征，可以通过图像中黑白矩形各自像素的总和相减得到其特征值。该特征直观明了、算法简单，在人脸检测等应用领域效果良好。然而其矩形特征的方向性使得其对于复杂边缘的检测效果不够理想。针对 Haar-like 特征应用局限性的问题，Lienhart（2003）将倾斜特征加入其中，提高了应用的宽度和检测的准确率。

（2）HOG 特征是当前人员检测领域应用最多的特征。通过逐步细分区域的方式来提取图像 HOG 特征，可以把检测窗口划分为多个块，继而将块划分成多个细胞单元。目前普遍使用的检测窗口大小为 64×128，块的大小为 16×16，步长为 8，细胞单元为 8×8，将各个细胞单元的梯度方向均分为 9 个区间，计算各个区间的梯度数量，用一个 9 维向量来描述每个细胞单元，则大小为 64×128 的检测窗口由 3780 维的特征向量组成，用以描述窗口的 HOG 特征。HOG 特征同时可以描述梯度具有的方向性，可用来完成复杂边缘目标的检测。

Haar-like 特征结构单一，当人员目标行为复杂时不能正确提取出边缘特征。Dalal 和 Triggs（2005）将 HOG 特征与 SVM（support vector machine，支持向量机）算法结合起来进行人体目标检测，效果良好，从此使用 HOG+SVM 进行人体目标检测的应用成为该领域研究中的标准方法。然而该方法最大的缺陷是算法的运行速度太慢，在检测过程中达不到实时处理的目的。同时，由于煤矿井下环境特殊，得到的视频图像不够清晰，很难直接使用现有的人员检测算法，需要结合其环境特点和实时性的需求对井下视频进行处理。

1.3.2　火灾检测算法应用研究

早期的煤矿火灾监测主要采用人工观察的方式，由于人的精力有限，经常会出现漏报的情况，并且无法对火灾的状态及发展趋势做出预测。20 世纪 80 年代，我国涌现出一批煤矿火灾监控装置，如 DMH 型和 MPZ-1 型等。但这些装置监控地点有限，不能做到准确定位。煤炭科学研究总院于 20 世纪 90 年代成功研制出胶带传送机火灾监控系统，可以实时监控井下温度信息并传输到总站进行处理、预警，是较为先进的火灾监控系统。

当前煤矿火灾检测主要有两种技术，即传感器和智能视频监控技术。贾明海和王海祥（2006）根据传统火灾探测报警器传感器响应参数的不同，将其分为温感火灾探测器、光感火灾探测器、可燃气体火灾探测器、烟感火灾探测器、复合式火灾探测器，它们的共同特点是价格便宜且相对稳定。然而，由于探测器需达到规定阈值时才会发出报警，导致报警存在一定的延迟，实时性较差（安闻川，2011）。此外，探测器必须放在易起火地点，容易受环境的面积、湿度、气流等因素的影响，因而使用时有很大的局限性。

人工智能的发展使得智能视频监控技术逐渐在火灾监控中得到应用，智能视频监控技术的发展可分为三代（黄凯奇等，2015），如表 1-1 所示。

表 1-1　视频监控技术

代别	产生时间	核心技术	核心设备	特点	不足
第一代（模拟化）	20 世纪 70 年代	光学成像和电子技术	摄像头电视墙	技术成熟、价格低廉	图像质量差、有线传输
第二代（数字化）	20 世纪 90 年代	数字压缩编码和芯片技术	DVR DVS	图像质量好、模块化	数据量大、不易存储
第三代（智能化）	21 世纪初	计算机视觉和模式识别	暂无	智能处理	算法要求高

基于视频图像的火灾监控技术是指结合计算机、图形图像处理、模式识别等多门技术形成的探测技术，无须人为干预，而是利用计算机视觉和视频监控分析的方法对拍录的视频图像进行自动分析，并对监视场景中的目标行为进行跟踪与描述，给出对图像内容的理解及客观解释，从而自动地规划行动。该项技术具有良好的抗干扰能力、不受地点的限制、监控面积较大和可以保留火灾现场信息的特点，为事后调查带来诸多便利。因此，国内外很多科研机构都对此项技术进行了大量研究。目前，基于视频图像的火灾监测技术主要分为对烟雾的检测和对火焰的检测两种方法（Yamagishi 和 Yamaguchi，1999）。在美、英、日、韩等发达国家，都拥有比较完善的火灾应急救援系统。Bosque 公司利用普通摄像机和红外摄像机的双波段进行监控，火灾识别效果较理想。ISL 公司和 Magnox Electic 公

司联合开发了适用于大空间火灾监控的 VSD-8 系统。美国 Fike 公司的 SignFire 早期智能火灾探测系统是目前效率较好的烟火 VID（视频身份认证）系统之一。Cappellini 等（1989）提出利用彩色视频图像从烟雾中识别检测火焰的方法。Healey 等（1993）利用颜色信息在运动区域的特点识别火焰。Yamagishi 和 Yamaguchi（1999）利用 HSV 模型中火焰颜色区域的色调、饱和度的特征提取火焰区域。Chen 等（2005）利用火焰的动态特征，如火焰面积变化、火焰边缘抖动、区域形变等来识别火焰，但该模型过于简单，可靠性较差。Töreyin 等（2006）在火焰颜色的基础上，分别利用时域小波变换和空域小波变换分析火焰的闪动情况。Rong 等（2013）提出了一种融合颜色特征、运动特征和形状特征的检测方法，使用传统的颜色模型和独立分量分析模型对颜色信息进行分析，并采用基于多特征的 BP 神经网络来分析这些特征。我国的视频监控技术起步较晚，特别是在火灾检测方面。但近十几年来我国在火灾监控方面的研究也越来越深入，并取得了一定的进展。中国科学技术大学火灾监控国家重点实验室研制了基于红外线摄像机的大空间火灾智能探测系统，其采用 LA-100 型双波技术，通过分析早期火灾图像特征来实现对火灾的监测。西安交通大学图像处理与识别研究所基于图像识别技术研制了自动火灾监控系统。另外，程鑫等（2005）根据火焰的颜色、闪动频率等特性及其在图像上的变化，分析了基于视频火焰监测的原理。吴爱国等（2008）利用高斯混合模型和小波变换实现了火灾的检测。

当前，火焰检测算法已经有了长足的进步，但现有算法大多还存在检测率较低、鲁棒性较差等问题，尤其在煤矿井下恶劣的环境中，还需要在算法的有效性、实时性、抗干扰能力等方面继续探究，并给出更好的解决方案。

1.3.3　火焰图像分割方法分类

目前，常用的火焰图像分割方法主要分为 3 类：基于颜色阈值的分割、基于视频单帧的分割和基于视频连续帧的分割。

Wang 和 Zhou（2012）通过迭代自适应阈值技术来获取火焰疑似区域，并根据火焰颜色特征检测是否存在火焰。Wang 等（2013）采用 RGB 颜色空间来提取并分析火焰颜色，但很难适应光照变化。Celik 等（2006）为适应光照变化提出了一种基于传统的 RGB 颜色空间归一化的 RGB 颜色识别规则。

基于视频单帧的分割方法主要有区域生长法、阈值分割法、模糊聚类法（薛振华，2010）等自动分割方法，这些方法均未运用先验知识，无法保证分割的准确性。实验表明，仅采用颜色特征火焰图像的分割结果并不理想。

基于视频连续帧的分割方式主要是利用火灾表征物的运动特性来提取火焰区域。目前常用的依赖于运动信息的运动目标检测方法大致可以分为 3 类，即帧间差分法、光流法和背景减除法。

1. 帧间差分法

帧间差分法是一种基于像素级别的运动目标检测算法,其主要思想是利用视频图像中连续几帧图像的差分检测运动目标的轮廓(乐应英,2010)。帧间差分法能很好地适应动态环境的变化,但不能完全把属于运动目标的像素点全部提取出来,容易产生空洞,在目标运动较快时会导致获取的轮廓被放大,而较慢时可能无法得到目标的轮廓。帧间差分法可由式(1-1)定义,即

$$D(k) = F(k) - F(k-1) \qquad (1-1)$$

式中,$D(k)$ 为差分图像;$F(k)$、$F(k-1)$ 为相邻的两帧图像。

为了确定运动目标,需要对差分图像进行二值化,即

$$f(k) = \begin{cases} 1, & D(k) \geqslant T \\ 0, & D(k) < T \end{cases} \qquad (1-2)$$

式中,T 为预先设定的阈值,可以采用经验值或者自适应阈值。

若位置上像素值不小于 T 则被认为是运动目标,同时赋值为 1;否则赋值为 0。为了减少噪声对检测的影响,通常还需对差分图像进行形态学操作。根据帧的选取不同,帧间差分法又分为二帧间差分法、三帧间差分法等。

2. 光流法

基于光流的运动目标检测算法是一种用于在序列帧中检测运动物体的方法,主要利用图像序列中像素在时间域上的变化和相邻帧之间的相关性得到上一帧与当前帧之间的对应关系,由此计算出相邻帧之间物体的运动信息(胡金金,2014)。光流法能适应摄像机运动、背景不断变化的场景,并且能同时完成运动目标检测和跟踪,但光流场计算对光照变化、噪声和背景扰动的干扰较为敏感,加之其计算也较为复杂,因此很难完整获取运动目标的轮廓。

3. 背景减除法

背景减除法通过比较输入图像与背景图像获取运动目标。背景减除法的主要工作是对视频图像与背景图像进行差分运算,并将结果的绝对值保存到一张新的图像(称为差分图像)中。若像素值不小于事先设定的阈值,则将图像中相同位置的像素标记为前景区域,若像素值小于事先设定的阈值,则认为该像素属于背景区域。属于前景的像素需要满足

$$\left| f(i,j) - b(i,j) \right| \geqslant T \qquad (1-3)$$

式中,$f(i,j)$ 为当前图像像素;$b(i,j)$ 为背景图像像素。

虽然背景减除法依靠火焰运动信息可以在一定程度上分割火焰区域,但很难排除其他与火焰颜色类似的运动物体的干扰(如运动的手电筒、车灯等),导致不

能准确获取火焰区域。针对此种情况，黄景星等（2014）将检测算法分为两部分，即运动检测和火焰检测，其中，颜色模型采用 CIE 和 Lab 颜色模型，运动检测采用背景减除法。

1.3.4　尘雾图像增强算法研究

在采集视频图像的环境中，空气中的水汽、粉尘、微小颗粒等会导致监测区域的能见度降低，使获取的图像在对比度、分辨率和色彩保真度上较差，不利于后续图像特征提取等处理，严重限制了智能视频监控系统性能。为了解决上述问题，必须对尘雾降质图像进行质量增强处理。学者们给出了许多尘雾图像质量增强算法，其按照是否依赖物理模型可分为基于非物理模型的方法和基于物理模型的方法两大类（张谢华，2013）。

1）基于非物理模型的方法

基于非物理模型的方法主要采用增强图像对比度的方法实现去尘雾，包括 Retinex、直方图均衡化、小波变换等方法。许志远（2010）采用全局直方图均衡化方法，通过拉伸尘雾降质图像集中的灰度直方图和增加灰度值的范围提高图像的对比度。但该算法的转移函数是基于整幅图像的统计量来确定的，而图像的整体性并不能反映图像的所有局部细节。Stark（2012）为得到物体实际的反射分量，采用 Retinex 方法去除光照强度的影响，对低对比度图像有较好的去尘雾效果，但其计算复杂度较高，实时性较差。

2）基于物理模型的方法

郭珈等（2012）通过估计图像退化的内在原因，建立图像退化模型，利用图像降质的逆过程得到近似的清晰图像。禹晶等（2011）通过最优化方法求取大气散射模型参数，最大限度地实现图像去尘雾。Fattal（2008）利用独立分量分析（independent component analysis，ICA）的方法，假设传输率与物体表面阴影不相关，但此方法仅仅是基于对颜色的统计，在尘雾较浓的情况下效果不是很理想。

1.3.5　煤矿井下人脸识别技术研究

近年来，随着图像采集与处理技术的不断提高，许多煤矿在井下安装了视频监控系统，较好地解决了井下矿工身份认证与异常行为监控等问题，为煤矿安全管理提供了保障。国家煤矿安全监察局下发的《煤矿井下作业人员管理系统通用技术条件》文件规定，出入矿井的矿工需使用检测识别卡唯一确定身份信息，而仅单独使用人工完成监控与精确人员认证的工作存在耗资高、耗时长和易出错等问题，生物特征识别技术被认为是满足这些需求的终极解决方式，因此需要使用采集设备获取个人生物信息对矿工人员进行识别（孙继平，2010）。作为可利用的生物特征识别技术应满足以下特点：①普遍性；②唯一性；③可采集性；④稳定性（陈志敏，2011；Jain et al.，2004；卢世军，2013）。下面对满足以上特点的典型的 6 种生物特征识别技术的优缺点进行对比总结（表 1-2）。

表 1-2 典型的生物特征识别技术特点

特征	掌纹识别	指纹识别	虹膜识别	步态识别	声纹识别	人脸识别
检测方法	接触	接触	非接触	非接触	非接触	非接触
人的行为配合	需要	需要	需要	不需要	需要	不需要
采集装置成本	低	低	高	低	低	低
主要影响因素	脏污、伤痕	脏污、伤痕	眼疾、严重眼伤	遮挡	噪声	脏污、遮挡
稳定性	较高	较高	高	较高	较高	较高
复制可能性	静态能被复制	静态能被复制	不易被复制	不易被复制	不易被复制	不易被复制

运用准确、高效的识别系统掌握井下人员的出井、入井情况，对煤矿安全生产与救援具有重要意义。早期识别技术，如条码、磁条、指纹等存在信息易受损坏且收集不便等问题；虹膜和步态识别虽然稳定性高且不易复制，但虹膜识别采集成本过高且存在特征提取与数据库检索速度慢的问题，步态识别需要事先存储大量的视频图像序列，计算复杂度极高；声纹识别的主要影响因素是噪声，而矿井环境中的一些机电设备等常产生大量的噪声，且声纹识别需要很长的训练时间，在应用方面受到了很大的限制（延秀娟，2011）。利用人脸识别技术主要具有以下优点：①采集设备隐蔽性强，尤其适用于安全监控监测；②采集设备使用方便，是一种非接触式的操作，采集者与被采集者都容易接受，不会造成心理上的负担；③对硬件设备没有特殊的要求，利用数码摄像头、数码相机等设备就可以进行识别。因此，人脸识别被认为是井下人员识别系统中的理想技术。

井下人脸易受到污染，但人脸轮廓、人脸特征等信息相对变化不大，且采集过程方便，能够帮助工作人员及时掌握井下矿工信息，避免人、卡不一致的现象（徐茜亮和霍振龙，2013）。

1. 人脸识别技术理论研究

人脸识别是生物识别技术与计算机科学的一个重要研究分支，它应用广泛，包括人员进出控制、信息安全、公共安全监控监测系统等。兰德公司的一项有关人脸识别的研究表明，尽管人脸识别一直是热门的研究领域，然而许多基本挑战仍然存在，识别效果已基本达到要求但仍然不够成熟。事实上，许多人脸识别算法在光照充足、无遮挡等可控环境下表现很好，但在表情变化丰富、光照不充足、有遮挡等非可控环境下识别效果并不理想。

1）针对遮挡与伪装问题的解决方法

学者们不断研究如何在各种影响因素下提高算法的鲁棒性。目前针对遮挡与伪装问题有 3 类解决方法：局部特征识别方法、人脸分块识别方法、稀疏表示识别方法。

（1）局部特征识别方法主要描述的是人脸的细节变化，比如面部器官的特点和一些奇异特征，该方法认为这些奇异特征相对于全局特征而言影响不大，但这种方法忽略了全局信息，不利于整个人脸识别效率的提高。

（2）人脸分块识别方法就是先对人脸进行分块，再对每一块进行识别，最后组合所有分块的结果作为最终识别结果。当人脸某部分出现遮挡时，可以通过降低此部分的权值提高遮挡问题的鲁棒性，这种方法在一定程度上改善了识别算法的适应能力，但算法中分块的数目和大小都是经验值，且权值的选择也同样没有科学统一的策略，缺乏自适应性。

（3）近年来得到了广泛研究的稀疏表示识别方法被认为具有良好鲁棒性、抗干扰性、可解释性和判别性。

2）人脸识别技术经历的阶段

人脸识别技术大致经历了半自动人脸识别、人机交互人脸识别和全智能化人脸识别 3 个阶段。

（1）半自动人脸识别主要是人工进行人脸识别，主要研究成果有 Allen（1950）设计出的有效逼真描述和 Parke（1972）构建的高质量灰度人脸模型等。

（2）人机交互人脸识别需要人工提供人脸识别的先验知识，主要研究成果有利用欧氏距离来表示脸部特征的统计人脸识别方法和多维人脸特征矢量模型等。

（3）全智能化人脸识别为机器自动识别阶段，典型的方法有：①基于几何特征的人脸识别方法，即通过人脸的几何信息进行识别，比较直观，时间复杂度与空间复杂度都比较低，以模板匹配法和弹性图匹配法为代表；②基于子空间的人脸识别方法，主要包括主成分分析法（刘青山等，2003）、独立分量分析法、线性判别分析法等，此类方法需要借助投影方法，属于整体特征提取算法；③基于学习的人脸识别方法，主要包括神经网络法等，此方法自学习能力优势明显，但随着类别数的增加易出现过拟合和过学习问题。

以上这些经典算法仅考虑了训练样本的全局分布，计算复杂度高，对姿态、光照等因素的鲁棒性较差，在应用中受到很大制约。Wright 等（2008）的研究表明不同于传统的人脸识别算法，稀疏表示方法具有识别率高、鲁棒性强等优势，它基于人眼视觉神经具有稀疏性的特征，并结合图像的稀疏性，通过少量原子用一种简洁、稀疏的形式揭示信号的内在结构，此方法针对性和适应性强，在目标分类、图像去噪、图像压缩及图像恢复等研究领域都得到了广泛的应用。

Ortiz 等（2013）提出的来源于压缩理论的基于稀疏表示的人脸识别方法（sparse representation-based classification，SRC），将信号表示成少数原子的线性组合过程，通过训练图像的线性组合表示测试图像，并寻求一种最稀疏表示，本质上是一种信号重构的过程，即用最少的训练样本近似表示出测试样本，从而对人脸图像进行分类识别。对于人脸识别中遇到的光照不充足、遮挡或像素腐蚀以及姿势变化与对准等多种不利情况，学者们提出了许多应对办法。①针对光照变化，Wagner 等（2012）在训练样本图像中加入了不同的光照人脸图，并设有专门的人脸图像采集系统，识别效果良好。②针对遮挡和像素腐蚀，由于遮挡因素是人脸识别问题中的一个难点，在矿井下尤为突出，其原因在于遮挡的位置及大小的不可预测（Martinez，2002；Sanja et al.，2006）。一般情况下，遮挡区域只占图像的一小部分，可通过扩展字典来加以解决，包括整体特征建模方法和局部特征建模方法，如 Yang 等（2011）采用鲁棒稀疏分类整体建模方法，此外还有基于图像局部信息描述子的局部建模分类方法等。③针对姿势变化与对准，Yang 等（2010）提出一种稀疏表示重构方法，徐争元等（2013）在基于 Gabor 特征的稀疏表示人脸识别方法基础上提出了运用向量总变差模型求解稀疏系数。④针对无效图像的输入，可利用稀疏集中的指数来拒绝无效图像。基于稀疏表示的人脸识别方法是图像识别与处理领域的新应用，尤其在光照不良、存在遮挡等问题环境下有较好的表现。

2. 人脸识别应用研究

随着智能信息技术的发展，煤矿井下安防系统正朝着网络化、智能化和系统集成化方向发展。煤矿井下安防系统主要包括门禁、监控和报警 3 大部分。在不需要人为干预的情况下，3 个部分相互协调，自动对监控画面中的异常情况进行检测、识别和报警。

在煤矿井下人脸识别系统中，主要包括静态人脸图像识别和动态视频图像识别。与静态人脸识别相比，动态人脸识别的整个过程基本不需要人工参与，对算法的准确度尤其是算法速度要求更高，才能达到实时准确地识别与报警。

目前，我国许多矿井均已安装了视频监控系统，但最终人脸识别的效果不够理想。事实上，现有的人脸识别算法在光照充足、无遮挡等理想环境下实现得很好。但是在矿井环境中，采集到的矿工人脸图像存在严重的光照不足、遮挡和表情变化，煤矿井下的人脸识别存在诸多难题：①对工作中与工作后的矿工进行人脸识别，由于受到井下环境中煤尘、粉尘等因素的干扰，矿工脸部信息被污染，部分脸部识别信息丢失，增加了人脸检测、特征提取和分类识别的难度；②井下巷道昏暗，即使有灯光也达不到自然光照的效果，许多重要信息无法识别，不得不对图像进行预处理，增加了识别时间与难度；③在图像采集过程中，尤其在出井、入井的时间段，极易出现矿工扎堆的情况，增加了识别难度。

第2章 视频监控相关技术与理论

监控视频是由一系列随时间变化的图像组成的，在处理监控视频时需要使用数字图像处理技术处理每一帧图像。经处理后的视频图像更利于完成监控视频后续的检测、跟踪、分析等操作。然而，数字图像处理技术由于运算过程复杂，算法的实时性难以保证。崔磊和杨兴全（2011）总结数字图像处理与分析可以理解为对图像进行加工和分析，其目的有以下3个方面。

（1）增强图像的主观感受，提高图像的对比度和亮度，对图像进行几何变换等。

（2）提取图像特征信息。这些被提取的特征通常是计算机分析图像的基础。特征可以包括诸多方面，如颜色特征、边缘特征、区域特征、拓扑特征、纹理特征和关系结构特征等。

（3）压缩图像数据，以方便图像的保存和传输。

无论做哪种图像处理，都需要通过图像处理系统采用一种或多种图像处理技术。朱蕾（2010）总结了图像处理的常用技术，主要包括以下几种。

（1）图像变换。通常，空间域的图像阵列很大，直接处理会花费大量时间，所以降低计算的复杂度是关键，一般会采用图像变换的方式将空间域的图像转换到变换域，如傅里叶变换、离散余弦变换等变换技术。

（2）图像压缩。图像压缩技术是发展最早且比较成熟的图像处理技术，在满足一定条件下应用该技术，可以用较少的数据量表示原来的图像。

（3）图像增强。为了提高图像对比度、增强图像质量、突出图像目标区域等采用的技术称为图像增强技术。该技术可以强化高频分量，使图像凸显物体轮廓、纹理等，同时强化低频分量，减少噪声影响。

（4）图像分割。图像分割技术已成为图像处理技术研究的热点之一。图像分割技术可以提取图像中的目标区域，为后续的图像处理降低复杂度，减少算法的计算量，提高算法的实时性。

（5）图像识别。图像识别技术主要是通过提取图像特征，然后依据这些特征对图像进行处理的技术，如模糊模式识别技术和人工神经网络模式分类技术等。

2.1 灰度化与二值化

1. 图像灰度化

视频采集设备采集的视频图像通常是彩色图像，这些图像包含大量的数据信息，如物体的形状、纹理、边缘、颜色等。在实际应用中，彩色图像所呈现的诸多信息不一定都是需要的，这时就需要对彩色图像进行处理，如转换为灰度图像，可在保留所需信息的同时降低数据处理量，加快数据处理速度。数字图像在计算机中常以二维图像的形式存在，存储彩色图像时需要红绿蓝（RGB）3 个通道，因此彩色图像存储在计算机中需要大量的存储空间。灰度化即将彩色图像转换为灰度图像的过程。

对彩色图像进行灰度化处理有以下 3 种方法。

（1）加权平均法。给予每个通道不同的权值 σ，对三通道求取加权和，即

$$gray = \sigma_R R + \sigma_G G + \sigma_B B \qquad (2\text{-}1)$$

（2）最大值法。每个像素的值为 3 个通道中的最大值，即

$$gray = \max(R, G, B) \qquad (2\text{-}2)$$

（3）平均值法。每个像素的值为 3 个通道值的平均值，即

$$gray = \frac{R + G + B}{3} \qquad (2\text{-}3)$$

2. 图像二值化

图像二值化是指将灰度图像用黑、白两种像素表示出来，即每个像素的值非 0 即 255。二值化处理实际上是在彩色图像灰度化后根据需要进一步减少数据处理量，加快数据处理速度的一种技术。例如，在进行火焰检测前，先要确定疑似火焰的区域，这样不仅可以缩小检测范围，也有助于提高检测效率。在图像分割时，通常采用二值图像表示火焰区域，本书用白色区域表示火焰区域。式（2-4）给出了图像二值化的公式，即

$$F(x,y) = \begin{cases} 255, & g(x,y) \geq T \\ 0, & g(x,y) < T \end{cases} \qquad (2\text{-}4)$$

式中，$g(x,y)$ 为源图像的像素值；T 为预先设定的阈值。

由式（2-4）可以看出，图像二值化的关键在于阈值 T 的选择。若选择较大的阈值，则会提取到不完整的图像；若阈值选取过小，则会带来许多噪声。

2.2 直方图均衡化与形态学处理

图像直方图是图像处理中很重要的分析工具，它描述了图像的灰度级信息。图像直方图给出了一幅图像或一组图像中具有指定数值的像素数量，是图像各灰度值统计特性与图像灰度值的函数，主要用在图像分割、图像增强等处理过程中。

直方图均衡化是以灰度变换为基础的图像增强技术，它利用分布函数变换对

图像进行修正，产生一幅具有均匀概率密度的灰度级分布图像，拉伸了像素的取值范围。但它同样有一些缺点，对于有高峰的图像，经直方图处理后会出现对比度过分平坦的情况，并会形成图像变换的灰度级或造成图像细节的丢失。

形态学滤波理论于 20 世纪 90 年代被提出，主要用于处理离散图像。它定义了一系列运算，并用预定义的结构元素对图像数据信息进行运算。可以将它简单地理解为：通过选取合适的结构元素在图像上滑动，对图像数据信息进行运算，以方便对图像进行后续分析。形态学中的操作对象是集合，当涉及两个集合运算时，并不是把它们看作是对等的。设 A 为图像集合，B 为结构元素即图像集合的一个子集，形态学运算是用 B 在图像集合 A 上进行操作。对每个结构元素，先要指定一个原点（锚点），当原点与指定像素对齐时，它与图像的相交部分即是形态学操作的像素。结构元素通常使用方形、圆形或菱形。常见的基本结构元素如图 2-1所示，黑色区域表示原点。

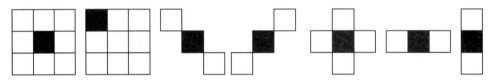

图 2-1　常见的 3×3 结构元素

膨胀和腐蚀是最基本的形态学运算。膨胀替换结构元素与图像相交像素集合中的最大像素值；腐蚀则相反，它替换集合中的最小像素值。膨胀用于扩展图像，使线条变粗、颗粒变大、缝隙变小或消失，如图 2-2 所示；腐蚀用于收缩图像，使线条变细、颗粒变小、缝隙和孔变大，如图 2-3 所示。

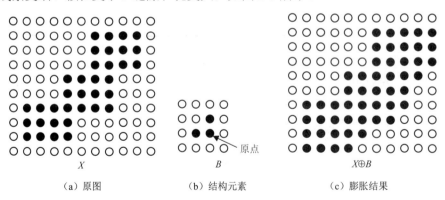

（a）原图　　　　　（b）结构元素　　　　（c）膨胀结果

图 2-2　膨胀原理

膨胀和腐蚀基于集合操作，可由式（2-5）和式（2-6）定义（张楠，2013），即

$$A \oplus B = \{X | (\hat{B})_X \cap A\} \neq \varnothing \qquad (2\text{-}5)$$

$$A \ominus B = \{X | (B)_X \subseteq A\} \qquad (2\text{-}6)$$

式中，A 为图像集合；B 为结构元素；X 为二值图像。

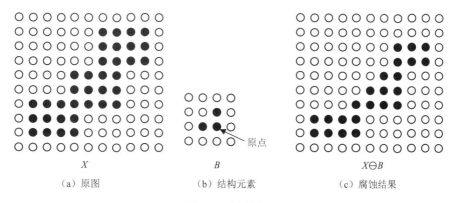

（a）原图　　　　　　　　（b）结构元素　　　　　　　（c）腐蚀结果

图 2-3　腐蚀原理

　　开、闭运算是在膨胀和腐蚀运算基础上提出的。开运算是对图像先腐蚀后膨胀操作；闭运算则与开运算相反，是对图像先膨胀后腐蚀操作。

　　闭运算的作用是将误分割成碎片的物体重新连接起来，缝合小裂缝，而总体的形状、大小不会受到影响。开运算则用于移除场景中比较小的物体和孤立的点，而其形状轮廓不会受到影响，如图 2-4 所示。

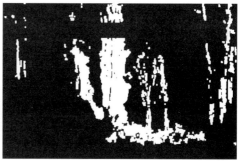

（a）火焰检测　　　　　　　　　　　　　　（b）开运算后

图 2-4　开运算处理

2.3　图像去噪技术

　　常用的图像去噪方法可分为空间域法和变换域法，前者直接在图像上对灰度进行操作，后者则将图像转换到频域后再进行处理。

2.3.1　空间域图像去噪

1. 均值滤波法

均值滤波又称线性滤波，其基本原理是利用某像素点及其周边像素的平均值来达到平滑噪声的目的。利用均值滤波处理图像时，是在图像上为目标像素点设置一个滑动窗口，该窗口包括其周围的邻近像素点及其本身像素点，用窗口中全体像素的平均值代替原来的目标像素值。

设大小为 $M \times M$ 像素的噪声图像灰度为 $f(x,y)$，去噪后图像灰度为 $g(x,y)$，每个像素的灰度等级由其本身及其邻域像素灰度等级的均值来代替，即

$$g(x,y) = \frac{1}{N} \sum_{(x,y) \in \Omega} f(x,y) \tag{2-7}$$

式中，x、$y=1,2,\cdots,M-1$；Ω 为滑动窗口像素的集合；N 为集合中的像素总数。

均值滤波的处理效果与邻域的大小有关，邻域越大，图像的模糊程度越大。图 2-5 给出了常用的 4 邻域和 8 邻域的集合。

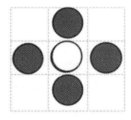

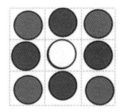

（a）4 邻域　　　　　　　　　　　　（b）8 邻域

图 2-5　邻域

均值滤波处理较简单，运算速度快，但在去噪时会使图像的边缘和纹理变得十分模糊，不利于后续操作。图 2-6 所示是将煤矿工人图片加上高斯噪声后再使用大小不同的滑动窗口进行均值滤波处理后的效果。

彩图 2-6

（a）火焰原图　　　　　　　　　　　（b）高斯噪声污染图

图 2-6　采用均值滤波去噪的实验结果

（c）使用 3×3 均值滤波处理后的结果　　　　　　（d）使用 5×5 均值滤波处理后的结果

图 2-6（续）

2. 中值滤波法

中值滤波是一种常用的非线性滤波，在使用中值滤波处理图像的过程中不需要考虑统计特性，十分方便。中值滤波在一定程度上可以改善线性滤波带来的图像模糊问题。其基本思想是将像素点邻域内所有像素值的中值赋值给该像素。

对于一维数字信号，取长度为奇数 L 的滑动窗口，设某时刻窗口内的信号为 $x(i-n),\cdots,x(i),\cdots,x(i+n)$，$n$ 为正整数，其中 $x(i)$ 为窗口的中心，对这 L 个数字信号按大小顺序进行排序，取中值作为它的值。其数学表达式为

$$Y_i = \underset{A}{\mathrm{Med}}\left\{ x(i-n),\cdots,x(i),\cdots,x(i+n)\right\} \tag{2-8}$$

对于二维信号，滑动窗口是二维的，可以有圆形、菱形等不同形状。二维中值滤波的数学表达式可以表示为

$$Y_{i,j} = \underset{A}{\mathrm{Med}}\left\{X_{i,j}\right\} \tag{2-9}$$

式中，A 为滑动窗口的大小，可以为 3×3、5×5 等。

中值滤波去噪的实验效果如图 2-7 所示。从图中可以看出，中值滤波在处理椒盐噪声时，去噪效果较好，能够保留大量边缘信息，但也存在着图像模糊问题。

彩图 2-7

（a）原图　　　　　　　　　　　　　　　（b）椒盐噪声污染图

图 2-7　使用中值滤波去噪的实验结果

（c）使用 3×3 中值滤波处理后的结果　　　　　　（d）使用 5×5 中值滤波处理后的结果

图 2-7（续）

2.3.2　变换域图像去噪

　　变换域图像去噪的方法是先将图像由空间域转换到变换域，然后在变换域中针对噪声的特点去噪，去噪后再将其转换回空间域。常用的变换域去噪方法有傅里叶变换和小波变换等。

　　1. 傅里叶变换图像去噪方法

　　一幅图像的细节、边缘和跳跃部分构成了图像的高频部分，而大面积的背景和变化较缓慢的区域则构成了图像的低频部分。对于噪声，只需要利用低通滤波将图像高频部分除去即可达到去噪和平滑图像的目的。设 $F(u,v)$ 为含噪图像的傅里叶变换，$H(u,v)$ 为低通滤波器的传递函数，利用卷积操作可得滤波后的图像函数

$$G(u,v) = H(u,v) * F(u,v) \tag{2-10}$$

　　常用的低通滤波有理想低通滤波器（ideal low pass filter，ILPF）、指数低通滤波器（exponential low pass filter，ELPF）、巴特沃斯低通滤波器（Butterworth low pass filter，BLPF）。

　　2. 小波变换图像去噪方法

　　1982 年，Morlet 等首先提出了"小波"的概念。目前已经广泛应用在数值分析、图像分析等领域。小波变换是时频局部化方法中的一种，它具有去相关性、低熵性、多分辨率和选基波灵活等优点。使用小波变换将含噪图像稀疏分解后，多数图像的有效信息分布在高频区域，使用不同的方法对分解后的图像进行处理可以达到去除噪声的目的。

　　设 $\sigma(t)$ 为平方可积函数，t 为自变量，可表示时间或坐标等信息。若其傅里

叶变换 $\varphi(\omega)$ 满足下列条件：

$$\int_{\mathbf{R}} \frac{|\varphi(\omega)^2|}{\omega} d\omega < \infty \qquad (2\text{-}11)$$

式中，$\mathbf{R}$ 为值域空间；ω 为频率。

则称 $\sigma(t)$ 为基本小波，此条件称为小波函数的可容性条件。

将小波函数平移（通过 τ）和伸缩（通过 α）变换后得

$$\varphi_{\alpha,\tau}(t) = \alpha^{-\frac{1}{2}} \varphi\left(\frac{t-\tau}{\alpha}\right) \qquad (2\text{-}12)$$

式中，$\alpha > 0$，为尺度因子；$\tau \in \mathbf{R}$，为平移因子。

对于二维图像信号，可以在水平和垂直方向上分别进行滤波实现二维小波的分解。图像每次经过小波变换后，均会被分解为大小相同且只有原图像 1/4 的子图。其中，LL 频带子图像是能量最集中的频带，表现为原始图像的概貌，是经低通滤波器处理的结果。HL 反映了图像水平方向上的变化，是经过横向低通滤波和纵向高通滤波处理的结果。LH 是经过横向高通滤波和纵向低通滤波作用的处理结果，反映了图像垂直方向上的变化。HH 表示对角线方向上的高频信息，反映了图像沿对角线方向的变化。小波的优势在于可以在不同尺度上分析图像的有限特征。

2.4　ViBe 运动检测算法

Barnich 和 van Droogenbroeck（2011）提出的 ViBe（visual background extractor）算法是一种非参数化的像素级快速背景检测算法。该算法首先选取视频图像序列的第一帧为图像中每个像素点提供存储集合，即背景模型，然后将当前图像的像素与背景模型中相同位置的像素进行比较，通过设定阈值判断当前像素是否为背景，如果确定该像素是背景点时，就随机更新背景模型中该像素点的一个值，同时随机更新邻域像素的一个值。其过程主要分为 3 部分，即背景建模、背景检测、背景模型更新。该算法的流程如图 2-8 所示。

1. 背景建模

利用视频图像序列的第一帧图像填充背景模型：在每个像素的 8 邻域内随机选取 n 个像素值 $\{V_1, V_2, \cdots, V_n\}$ 作为该像素的背景模型。设像素 x 的背景模型为

$$M_{(x)} = \{V_1, V_2, \cdots, V_n\} \qquad (2\text{-}13)$$

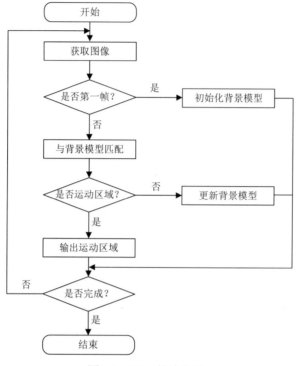

图 2-8　ViBe 算法流程

2. 背景检测

定义 $V(x)$ 为像素 x 处的新像素值，$SR[V(x)]$ 是以 $V(x)$ 为中心、R 为半径的球体，选取 ∇ 为像素 x 处的阈值，若满足 $SR[V(x)] \cap M_{(x)} \geqslant \nabla$，则认为 x 是背景；否则 x 是前景。

3. 背景模型更新

ViBe 算法采用像素分析和 Blob 分析（Blob 分析是对图像中相同像素的连通域进行分析）相结合的无记忆动态自适应背景更新方法，即在背景模型 $M_{(x)}$ 中，以概率 θ 随机选取一个像素值替换；以概率 θ 在像素点 x 的 8 邻域内随机选取像素点 y，并在像素点 y 的背景模型 $M_{(y)}$ 中随机选取一个像素值替换。

2.5　数字图像压缩技术

随着数字信息化的发展，数字图像的分辨率越来越高，图像细节更加清晰，因此需要更多的存储空间来存储数字图像。对于一幅 1024×1024 像素的 8 位灰度图像，需要 1MB 的存储空间来存储；如果存储同样尺度的 RGB 图像，则需要 3MB

的存储空间。煤矿井下的视频监控需要 24 小时不间断拍摄，而且监控摄像头分布面广，会产生海量的视频信息，因此需要的存储空间很大。

在将监控视频传到矿井外面的中心站时，需要解决传输质量和传输效率的问题，在对其进行存储时需要解决磁盘容量的问题。要解决大量视频图像的传输与存储难的问题，就要用到数字图像压缩技术。

2.5.1　图像格式、容器和压缩标准

在数字图像处理领域，图像的格式是组织和存储图像数据的标准，它定义了如何排列数字图像的数据以及使用何种方式对数字图像数据进行压缩。图像的容器与图像格式相似，它可以处理多种文件格式，也可以处理多种类型的图像数据。为了减少图像所需的存储空间，人们制定了许多数字图像压缩的相关技术标准。这些压缩标准是数字图像压缩技术能够被普遍使用的基础。

图 2-9 统计了目前国内外使用的重要图像压缩标准、文件格式和容器（根据处理的图像是静态图像还是动态视频来分类）包括国际标准化组织（International Organization for Standardization，ISO）、国际电工委员会（International Electrotechnical Commission，IEC）和国际电信联盟批准的国际标准，还包含两个视频压缩标准，即由电影和电视工程师协会（Society of Motion Picture & Television Engineers，SMPTE）和中国原信息产业部（Ministry of Information Industry，MII）批准的音/视频码流标准（audio video coding standard，AVS）。

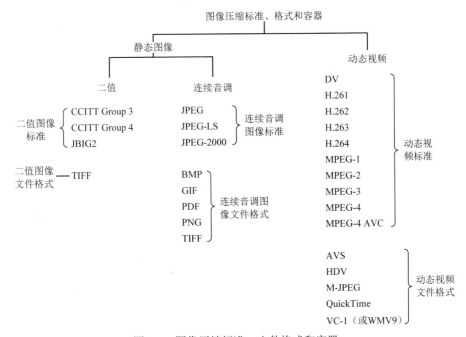

图 2-9　图像压缩标准、文件格式和容器

图 2-9 中上面部分为图像和视频标准，下面部分为文件格式，其中视频部分为容器。多媒体容器是指将不同的多媒体数据流封装入一个文件内，播放时分别对不同的数据流进行解码。

2.5.2　霍夫曼编码

霍夫曼编码的主要思想是用较少的比特表示出现频率高的字符，用较多的比特表示出现频率低的字符。霍夫曼编码技术可将信源符号编码为数量最少的符号，能够很好地消除编码冗余。

使用霍夫曼编码的操作步骤如下。

（1）以简化处理二进制编码为例（也可以构造 K 元霍夫曼编码），对需要编码的样本进行标序，使用筛选出来的最小概率符号作为下一次信号源简化的符号，以此建立整个简化信源序列，如图 2-10 所示。根据使用的概率值大小，把表格中靠左的一串虚构的信源符号集合与它们的概率值按从高到低的顺序进行排列。在信源的简化过程中，第一步把最下面的两个概率值相加得到一个复合的概率值；第二步将这个复合符号和它的概率值放在第一列信源简化列表中，将简化后的概率值也按从高到低的顺序进行排列。重复这两步，直到最终只剩两个信源符号结束。

原始信源		简化信源			
符号	概率	1	2	3	4
a_2	0.4	0.4	0.4	0.4	0.6
a_6	0.3	0.3	0.3	0.3	0.4
a_1	0.1	0.1	0.2	0.3	
a_4	0.1	0.1	0.1		
a_3	0.06	0.1			
a_5	0.04				

图 2-10　霍夫曼编码的简化信源

（2）编码。将信源符号按概率值从高到低的顺序排列，分配编码。信源最小长度的二值码是 0 和 1。如图 2-11 所示，这些符号都用最右边的 0 和 1 来表示（分配过程中可以改变 0 和 1 的位置）。将简化信源中的两个符号（a_6 和 a_1）合并到其右侧生成概率为 0.6 的简化信源符号，然后用 0 对该符号编码，同时符号 0 和 1 被随机分配表示两个符号。反之，可将信源分解，直到得到原始信源时结束操作。图 2-11 编码列是求得的信源符号编码结果，可计算出这个编码的平均长度为

$$L_{\text{avg}} = 0.4 \times 1 + 0.3 \times 2 + 0.1 \times 3 + 0.1 \times 4 + 0.06 \times 5 + 0.04 \times 5 = 2.2 \text{（bit/像素）}$$

符号	原始信源			简化信源			
	概率	编码	1	2	3	4	
a_2	0.4	1	0.4　1	0.4　1	0.4　1	0.4　1	
a_6	0.3	00	0.3　00	0.3　00	0.3　00	0.6　2	
a_1	0.1	011	0.1　011	0.2　010	0.3　01		
a_4	0.1	0100	0.1　0100	0.1　011			
a_3	0.06	01010	0.1　0101				
a_5	0.04	01011					

图 2-11　霍夫曼编码的编码过程

图 2-11 所示信源的熵可通过信源熵计算公式得出，为 2.14bit/符号。在一次只能对一个符号进行编码的前提下，霍夫曼编码的特点是：编码为瞬时的、唯一可解码的块编码。块编码即每个信号源都一一映射编码符号的固定序列，它的码字独立解码，不需要参考后面的符号，它的编码符号串的解码方式只能是一种。对于图 2-11 中的二进制编码，对编码串 010100111100 从左到右的扫描结果表明，第一个有效编码为 01010，它是符号 a_3 的码；下一个有效编码是 011，它对应的符号为 a_1。按这种方式继续下去，可得到完全解码后的消息为 $a_3a_1a_2a_2a_6$。

当对大量符号进行编码时，最佳霍夫曼编码的构造并不简单。例如，对于有 J 个信源符号的情况，需要 J 个符号概率、$J-2$ 次信源简化和 $J-2$ 次编码赋值。在可事先估计信源符号概率的情况下，使用预计算霍夫曼编码可以达到"接近最佳"编码。一些通用的图像压缩标准，包括 JPEG 和 MPEG 标准都规定了默认的霍夫曼编码表，这些编码表是以实验数据为基础预先计算出来的。

2.5.3　小波编码

小波编码是一种基于小波变换的编码方法，先将源图像进行多级离散小波分解，分解成低频分量和对应不同方向（水平、垂直或对角线）的高频分量，再根据人眼视觉生理特性采取不同的策略对得到的频率分量进行量化编码。若使用的变换基函数（这里选取小波函数）能将大多数重要的可视信息包装到少量系数中，那么剩下的系数可确定为 0，同时源图像不存在细节信息缺失的情况。

图 2-12 所示为一个典型的小波编码过程。假设需要进行编码的图像尺寸是 $2^J \times 2^J$ 像素，如前所述使用 ψ 作为其分析小波，不论尺度变换的情况如何，小波变换的结果都能将源图像表示为水平的、垂直的和对角的分解系数。因为很多计算的系数包含少部分的视觉信息，所以可用这些系数最大限度地减少编码冗余。

变换后可选择无损编码方法，如比特平面编码、行程编码、算术编码、霍夫曼编码等，都可用到最终的编码中。解码的过程是编码的逆操作，但应注意，量化过程不能完全进行逆向操作。

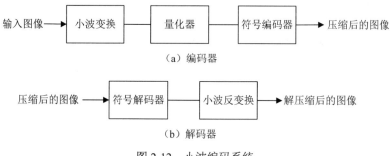

（a）编码器

（b）解码器

图 2-12 小波编码系统

图 2-12 所示的使用小波变换进行编码的过程中，没有子图像处理阶段，是由于小波变换的多尺度特性，不需要对源图像进行细分操作。取消子图像处理步骤的优点是能够减小块效应的影响。

2.5.4 算术编码

算术编码的研究始于 Peter Elias，其编码的结果中，信源符号和码字并非是一一对应的；相反，算术编码的结果只给整个信源符号分配一个算术码字，该码字包含[0,1]区间的所有实数。如果信源符号数量很多，那么该区间中实数的间隔就会缩小，用来表示这些间隔的信息单位量就会增加。信息中的各个符号依据概率值的大小来调整区间长度。使用算术编码技术不需要对每个信源符号都进行编码，其在理论层面上达到了香农第一定理所设定的界限。

图 2-13 说明了算术编码的基本过程。这里对一个四符号信源的五符号序列或消息 $a_1a_2a_3a_4a_5$ 进行编码。在编码处理的开始，假设消息占据整个半开区间[0,1)。如表 2-1 所示，该区间开始时根据每个信源符号出现的概率被分为 4 个区域，例如符号 a_1 与子空间[0,0.2)相联系。因为它是被编码消息的第一个符号，所以该消息间隔开始时被缩窄为[0,0.2)。这样，图 2-13 中，区间[0,0.2)就被扩展到该图形的全高度，且其端点用该窄区间的值来标注。然后，这个缩窄的区间根据原始信源符号的概率再进行细分，并继续对下一个消息符号进行相同处理。采用这种方式，符号 a_2 将该子区间变窄为[0.04,0.08)，符号 a_3 进一步将该子区间变窄为[0.056,0.072)，依此类推。必须保留最后的消息符号，作为特定的消息结束指示符，它将子区间变窄为[0.06752,0.0688)。当然，在这个子区间内的任何数字（如 0.068）都可以用来表示该消息。

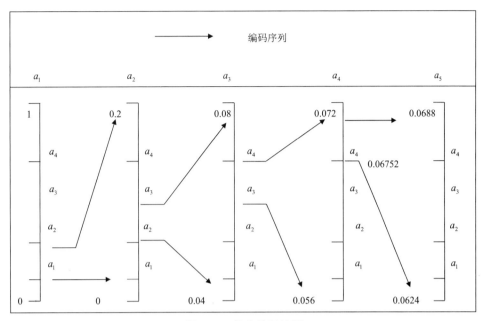

图 2-13　算术编码过程

表 2-1　算术编码示例

信源符号	概率	初始子区间
a_1	0.2	[0,0.2)
a_2	0.2	[0.2,0.4)
a_3	0.4	[0.4,0.8)
a_4	0.2	[0.8,1)

在图 2-13 所示的算术编码过程中，使用了 3 个十进制数字表示这 5 个符号信息。这就转换为每个信源符号 0.6 个十进制数字，与之相比较的信源的熵为每个信源符号 0.58 个十进制数字，可由信源熵计算公式（2-14）计算得出。

$$H = -\sum_{j=1}^{J} P(a_j) \log P(a_j) \qquad (2\text{-}14)$$

式中，J 为信源符号个数；$P(a_j)$ 为信源符号 a_j 出现的概率。

当被编码的序列长度增加时，得到的算术编码接近香农第一定理所设定的界限：①为了将一个消息与其他消息分开，增加了消息结束指示符；②所用算法的精度是有限的。算术编码的实际实现通过引入一种缩放策略和一种舍入策略解决第二个问题。缩放策略是在根据符号出现的概率细分每个子区间之前，将每个子区间重新归一化到区间[0,1)。舍入策略则保证根据算法的有限精度进行截短，不会妨碍被编码子区间的准确表示。

在对视频图像进行压缩的过程中，需要使用压缩比大、解压后效果好、运算速度快的算法。大量实验结果显示，数字图像的压缩率受压缩方法的影响，同时也会被源图像的结构、相关性、分布和特征匹配影响。为了使压缩方法更为有效，针对视频监控环境下视频图像变化少的特点，本书使用适合于对相同重复序列的文件进行压缩的算术编码技术。

2.6　图像下采样

图像下采样主要是为了解决处理大尺寸视频图像效率低的问题。采用下采样的方法可以把原视频图像的尺寸缩小，以减少检测算法的执行时间。不同于平常图像下采样的目标，本书中煤矿井下视频图像的下采样只是为了快速检测出当前帧中是否存在运动目标，所以不需要高保真。

下面通过分析 3 种常用的图像下采样方法的适用范围、局限性及其优势，以选取最适合的煤矿井下视频图像的下采样要求。表 2-2 详细描述了最近邻域法、双线性滤波法和双三次卷积法的适用范围、局限性及其优势。

表 2-2　3 种下采样算法的比较

方法	优点	缺点	用途
最近邻域法	处理速度快	效果失真	快速缩小图像尺寸
双线性滤波法	缩小一半的范围；内精度较高	一定范围以外的处理会丢失大量像素；算法比较复杂	纹理平滑
双三次卷积法	较好地保留细节质量	运算量较大	图像或者视频的缩放

最近邻域算法非常简便，处理速度快，但处理结果中可能存在不可逆的色彩丢失，破坏整个图像的像素信息。一般情况下的下采样需求中，使用最近邻域算法是不能满足采样要求的。

双线性滤波法和双三次卷积法缩放图像尺寸后还能够保持其真实性，同时可使用滤波的方法来确保图像的质量，但这两种方法运算效率都较低。

鉴于本书中煤矿井下视频图像下采样的需求，只是为了能够在一定程度上缩小图像的尺寸来达到快速监测出该帧图像中是否有运动目标的目的，可以选取最近邻域法完成煤矿井下视频图像的下采样。

第 3 章　煤矿井下尘雾图像增强算法研究

在煤矿安全生产过程中，视频监控系统发挥着重要的作用，是确保煤矿安全生产的必要条件。煤矿井下的复杂环境给视频监控系统正常运行带来了严峻的挑战。煤矿开采过程产生的大量粉尘等微小的颗粒飘浮在空中，使监控视频画面模糊不清，可见度和可分辨度极低。目前，大多数煤矿企业使用喷雾技术控制粉尘，会使监控范围内的能见度进一步降低。煤矿井下人工照明的条件有限导致煤矿井下图像有很多局限性：①与户外光线相比，照度很低；②点光源的局限性使其亮度分布不均匀；③矿工很容易沾染煤灰，除设备颜色鲜艳外整个场景几乎没有色彩。井下环境的特殊性使得监控画面质量差，无论是人工监控还是使用智能视频分析技术都无法达到理想的效果。鉴于此，很多研究人员从事煤矿井下图像增强技术的研究，以期提高监控图像的质量。

图像增强是指通过像素值的改变来提升图像的可视性，使其能够更适合人的视觉观察系统，或者使其更有利于计算机的后续处理工作。基于人类视觉系统观测各种信息时具有模糊性，同时模糊集理论又比较擅长处理判断、辨识和感知等人类行为，所以很多学者用模糊理论技术处理图像增强问题，并取得了较好的效果。然而，这些方法最终都是以提高高亮度位置的像素值，降低低亮度位置的像素值来实现的。采用这些方法进行循环迭代处理所得到的图像是二值图像。然而，针对煤矿井下的环境特点，使高亮度处更亮、低亮度处更暗的方法显然是不合理的，所以不能使用经典的模糊增强算法，因此提出了专门处理煤矿井下图像的模糊增强算法。该方法能够降低图像强光照区的亮度，提高低光照区的亮度，能够较好地解决井下图像存在的亮度分布不均匀问题，但这种方法不能解决井下浓雾的情况，同时经其处理的图像对比度下降明显。为了解决这两个缺陷，Narasimhan和 Nayar（2003）提出一种模糊理论与暗原色先验知识相结合的方法来同时解决浓雾、光照不均以及提高处理后图像对比度的问题。

3.1　模糊理论图像增强

3.1.1　模糊集合

在数学理论中，集合所包含的对象都具有某种相同的属性。其中，全体对象就是整个论域 U，包含的每一个对象 u 都是 U 的元素。在整个论域 U 中，如果给

定一个任意的元素 u 和经典集合 A，那么它们两者之间的关系只能是 u 属于 A 或者 u 不属于 A，不存在其他关系。可用式（3-1）来描述其关系，即

$$\chi_A(\mu) = \begin{cases} 1, & \mu \in A \\ 0, & \mu \notin A \end{cases} \tag{3-1}$$

式中，χ_A 为经典集合 A 的特征函数。

然而，现实生活中有许多事物不存在明确界限。上文介绍的经典集合仅能表达分类清晰的概念，不能表达模糊边界的概念。1965 年，美国的计算机与控制理论方面的专家 Zadeh 教授提出了模糊集合的经典理论。该理论扩展了经典集合中的隶属关系，将隶属度从 0、1 的二值关系扩展到[0,1]整个区间。使用这种方法可以定量描述元素对象的模糊性。

模糊集合理论给出，若 U 是整个论域，则 U 上的一个模糊集合 A 可以使用下面的函数表示，即

$$\mu_A : \begin{aligned} U &\to [0,1] \\ \mu &\mapsto \mu_A(\mu) \end{aligned} \tag{3-2}$$

式（3-2）中，如果 $\mu \in U$，则 $\mu_A(\mu)$ 的值是元素 μ 相对于模糊集合 A 的隶属程度，μ_A 是模糊集合 A 的隶属度函数。

由模糊集合的概念可以知，元素只能通过模糊集合的隶属函数来确定其被包含的情况。当分析模糊问题时，需要对问题有清晰的界定，即在一定标准下，能够确定元素相对于模糊集合的归属情况，也就是将模糊集合转换为经典集合的过程。

定义　集合 A 是论域 U 上的一个模糊集合，表示为 $A \in F(U)$，任意的 $\lambda \in [0,1]$，可表示为

$$A_\lambda = \{u \in U \mid A(u) \geqslant \lambda\} \tag{3-3}$$

式中，A_λ 为 A 的 λ 截集；λ 是其阈值。同时 $A_{s\lambda} = \{u \in U \mid A(u) > \lambda\}$，$A_{s\lambda}$ 是 A 的 λ 强截集。

该定义可以解释为：若某个元素 x 对模糊集合 A 的隶属度超过给定的某个 λ 值，那么 x 就是集合 A 的成员。

3.1.2　模糊理论图像增强的处理步骤

传统模糊增强算法中的模糊化函数是非线性的。在图像数据转换到模糊域后对其像素的隶属度通过迭代计算达到隶属度重新分布的目的，最后将迭代运算的结果数据逆变换到数字图像的空间域，完成图像增强的目的。针对煤矿井下图像照度低、光照不均匀、无色彩信息的特点，本章重新设计了模糊化函数和模糊增强函数。

（1）根据模糊集理论，将大小为 $M \times N$ 像素的图像 f 用模糊矩阵 $\boldsymbol{F}$ 进行描述，即

$$\boldsymbol{F} = \bigcup_{x=1}^{M}\bigcup_{y=1}^{N}(\mu_{xy} \mid f_{xy}) \tag{3-4}$$

式中， μ_{xy} 是像素的隶属度，其取值范围是 $[0,1]$ ； f_{xy} 是 (x, y) 处的灰度值。

计算该模糊矩阵的目的是得出像素的模糊分布情况。

（2）模糊化函数，即

$$\mu_{xy} = \begin{cases} \dfrac{f_{xy} - f_{\min}}{\overline{f}_{\text{global}} - f_{\min}}, & f_{xy} \leqslant \overline{f}_{\text{global}} \\[3mm] \dfrac{f_{\max} - f_{xy}}{f_{\max} - \overline{f}_{\text{global}}}, & f_{xy} > \overline{f}_{\text{global}} \end{cases} \tag{3-5}$$

式中， $f_{\min}$ 、 $f_{\max}$ 、 $\overline{f}_{\text{global}}$ 表示的是整个图像中像素的最小值、最大值和平均灰度值。

如果 $f_{xy} = \overline{f}_{\text{global}}$ ，则 $\mu_{xy} = 1$ ；如果 $f_{xy} = f_{\min}$ 或 $f_{xy} = f_{\max}$ ，则 $\mu_{xy} = 0$ ；如果 f_{xy} 取其他值，那么 $\mu_{xy} \in (0,1)$ 。由于采用的隶属函数是线性函数，算法的时间复杂度低，计算量小。

（3）模糊增强，在式（3-5）中，当 $f_{xy} \leqslant \overline{f}_{\text{global}}$ 时， μ_{xy} 是增函数， μ_{xy} 随着 f_{xy} 的增大而增大；当 $f_{xy} > \overline{f}_{\text{global}}$ 时， μ_{xy} 是减函数， μ_{xy} 随着 f_{xy} 的减小而减小。在处理煤矿井下图片时，可通过增加 μ_{xy} 满足降低高亮度、提高低亮度的要求。采用式（3-6）对 μ_{xy} 进行处理，即

$$\mu'_{xy} = \text{sqrt}(\mu_{xy}) \tag{3-6}$$

由图 3-1 可知，当使用 μ_{xy} 对其进行处理时，由于 $\mu_{xy} \in [0,1]$ ，则 $\mu'_{xy} \in [0,1]$ 且 $\mu'_{xy} \geqslant \mu_{xy}$ ，通过这样的变换处理，必然导致其对比度的严重降低。因此，采用式（3-6）对 μ_{xy} 使用迭代处理时，可使得对比度降低程度不影响总体效果。

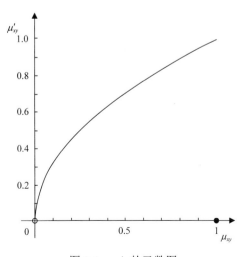

图 3-1 μ'_{xy} 的函数图

（4）去模糊。为了获取处理后的图像 f，需要对 μ'_{xy} 采用式（3-7）的逆变换进行处理，即

$$f'_{xy} = \begin{cases} u'_{xy}(\overline{f} - f_{\min}) + f_{\min}, & f_{xy} \leq \overline{f}_{\text{global}} \\ f_{\max} - u'_{xy}(f_{\max} - \overline{f}), & f_{xy} > \overline{f}_{\text{global}} \end{cases} \tag{3-7}$$

整个模糊增强的过程使得图像的对比度明显降低，整体变亮了，但是图像辨识效果不明显。本章结合暗原色先验知识的理论对其进行处理，在提高对比度的同时能够清晰化井下浓雾图像。

3.2　尘雾图像退化模型与增强算法

采煤机在采煤过程中会产生大量煤尘，需要喷洒水雾除尘，这会导致空气湿度增大，灯光照度降低，在这种环境下获取的视频图像十分模糊。因此，在对图像进行处理之前需要先增强图像的内容细节、对比度、边缘细节等，便于后续图像分割等操作。为满足实时性和有效性的要求，本章从煤矿尘雾图像退化模型着手进行研究，给出了一种实时性的煤矿尘雾图像增强方法。

3.2.1　尘雾图像退化模型

Narasimhan 和 Nayar（2003）给出了在计算机视觉中常用的尘雾图像退化模型，即

$$I(i, j) = J(i, j)t(i, j) + A[1 - t(i, j)] \tag{3-8}$$

式中，$I(i, j)$ 为退化后的尘雾图像；$J(i, j)$ 为未退化的原始图像；A 为大气光成分；$t(i,j)$ 为介质传播函数，又称为透射率，可表示为

$$t(i, j) = e^{-\beta d(i, j)} \tag{3-9}$$

式中，β 为衰减系数；d 为景深。

由式（3-8）可知，尘雾图像退化模型由两项组成：第 1 项 $J(i, j)t(i, j)$ 为衰减模型，表示场景的反射光未被散射的部分，其随着场景景深的增大而衰减；第二项 $A[1 - t(i, j)]$ 为大气散射模型，它导致图像对比度下降。增强的目的是通过 $I(x, y)$ 恢复得到 $J(i, j)$。

3.2.2　暗原色先验理论

暗原色先验理论是基于对大量户外无雾图像统计得出的先验规律，在绝大多数非天空或空白区域，总会存在某些像素值在一个通道具有很低的值，该值趋于或等于零。对于一幅图像的暗通道图像给出以下定义，即

$$J^{\text{dark}}(x,y) = \min_{C \in \{R,G,B\}} \left(\min_{(i,j) \in \Omega\{x,y\}} J^C(i,j) \right) \qquad (3\text{-}10)$$

式中，C 为 J 中的一个通道；$\Omega\{x,y\}$ 为以 (i,j) 为中心的矩形区域；$J^{\text{dark}}(x,y)$ 为暗通道图像。

经观察统计，除天空、空白处以外的其他区域为

$$J^{\text{dark}}(x,y) \to 0 \qquad (3\text{-}11)$$

此称为暗原色先验理论。暗通道中的像素趋于零或等于零的原因如下。

（1）物体的阴影，如楼房、树木的阴影等。

（2）色彩鲜艳的物体，如红色的衣服、绿色的树叶等。

（3）黑色物体，如黑色的墙壁等。

图 3-2 所示为煤矿井下任意图像，图 3-3 所示为其暗通道图像。可以看出其暗通道图像的像素值趋于零。

彩图 3-2

图 3-2　煤矿井下任意图像

图 3-3　煤矿井下暗通道图像

为验证该理论同样适用于煤矿井下，笔者随机选取了 200 张煤矿井下的清晰图像，处理得到暗通道图像的直方图如图 3-4 所示。从图中可以看出，95% 的像素值低于 25，证明采用此理论是正确的。

彩图 3-3

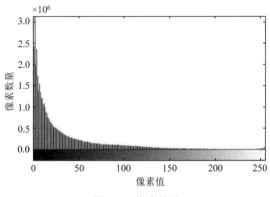

图 3-4　像素统计

3.2.3　透射率图获取

对式（3-9）变形可得

$$t(i,j) = t(i,j)\frac{J^C(x,y)}{A^C} - \frac{I^C(x,y)}{A^C} + 1 \qquad (3-12)$$

假设 $t(i,j)$ 为常数，对式（3-12）去两次最小化得

$$t(i,j) = t(i,j)\min_{C\in\{r,g,b\}}\left(\min_{(i,j)\in\Omega\{x,y\}}\frac{J^C(x,y)}{A^C}\right) - \min_{C\in\{r,g,b\}}\left(\min_{(i,j)\in\Omega\{x,y\}}\frac{I^C(x,y)}{A^C}\right) + 1 \quad (3-13)$$

由暗原色先验理论得

$$J^{\text{dark}}(x,y) = \min_{C\in\{R,G,B\}}\left(\min_{(i,j)\in\Omega\{x,y\}}J^C(i,j)\right) \to 0 \qquad (3-14)$$

最终得到粗略透射率图公式为

$$t(i,j) = 1 - \min_{C\in\{R,G,B\}}\left(\min_{(i,j)\in\Omega\{x,y\}}\frac{I^C(x,y)}{A^C}\right) \qquad (3-15)$$

实际上，在正常情况下获取的视频图像也会受到雾气、空气中的颗粒等的影响，所以当人们看远处的物体时会感觉到雾依然存在。雾的存在是人们感知景深的一个基本线索，远处的物体受雾气影响程度较大。如果完全消除雾的存在，图像看起来会不真实，并且深度感也会丢失。为保证图像色彩的真实性，对式（3-15）引入一个参数 λ。

$$t_1(i,j) = 1 - \lambda\min_{C\in\{R,G,B\}}\left(\min_{(i,j)\in\Omega\{x,y\}}\frac{I^C(x,y)}{A^C}\right) \qquad (3-16)$$

实验证明，λ 取值为 0.99 时去雾效果最好。

3.2.4　自适应双边滤波器

双边滤波由两个函数构成，分别进行空间域和值域的处理：其中一个函数由几何空间距离决定滤波器系数；另一个则由像素差值决定滤波器系数，即高斯低通滤波器和 ∂-截尾均值滤波器。因此，既可以达到去噪的目的又可以保证图像的边缘特征。双边滤波可定义为

$$f[x] = \left\{ \sum_{n \in \Omega} W[x,n]g[n] \right\} * \left\{ \sum_{n \in \Omega} W[x,n] \right\}^{-1} \quad (3-17)$$

式中，f 为滤波处理后图像；g 为退化后图像；Ω 为第 x 个样本像素的邻域范围。其中，

$$W(x,n) = W_{\mathrm{d}}[x,n] * W_{\mathrm{r}}[x,n] \quad (3-18)$$

$$W_{\mathrm{r}}[x,n] = \exp\left(-\frac{d_{\mathrm{d}}^{2}[x,(x-n)]}{2\sigma_{\mathrm{r}}^{2}} \right) = \exp\left(-\frac{(g[x] - g[x-n])^{2}}{2\sigma_{\mathrm{r}}^{2}} \right) \quad (3-19)$$

实验表明，该模型依赖于 σ_{r} 的选择，选择较大的 σ_{r} 会使图像过度平滑，选择较小的 σ_{r} 会导致图像出现较多与其他区域不同的奇点，同时会出现一些斑点，并且在图像的平滑区域去噪时产生明显的噪声（Barash，2000）。为了克服这些缺点，本书基于林红章和石澄贤（2010）的思路采用自适应双边滤波器：

$$W(x,n) = W_{\mathrm{r}}[x,n] * W_{\mathrm{d}}[x,n] = \exp\left(-\frac{n^{2}}{2\sigma_{\mathrm{d}}^{2}} \right) \exp\left(-\frac{(g[x,n] - g[x-n] - \gamma[x-n])^{2}}{2\sigma_{\mathrm{r}}^{2}} \right)$$

$$(3-20)$$

即在传统的双边滤波器基础上添加一个补偿函数 γ，取 min、max、avg 分别代表滑动窗口内像素值最小值、最大值和平均值，同时令 $\nabla = g[m_0, n_0] - \text{avg}$，则有 3 种情况，即

$$\gamma = \begin{cases} \max - g[m_0, n_0], & \nabla > 0 \\ \min - g[m_0, n_0], & \nabla < 0 \\ 0, & \nabla = 0 \end{cases} \quad (3-21)$$

式中，γ 的值取决于该像素的值高于还是低于中心像素的值。当朝向 avg 变化时，图像会变得模糊；当背向 avg 变化时，图像会被锐化。因此，可以在最大限度保证图像边缘的同时实现图像去噪。

3.2.5　透射率图优化与去噪

在 He（2009）的算法中使用 Soft matting 过程对透射率图进行细化。该算法在计算过程中需要构建 Matting Laplacian 矩阵，用此矩阵的高度乘以图像的宽度，导致算法的空间复杂度和时间复杂度较高、运算速度较慢。分析介质散射函数可知，在景深变化缓慢的区域，透射率同样变化缓慢，而对于图像边缘部分，景深变化较快，透射率也发生跃变。因此，为保证其边缘特征，采用自适应双边滤波器。

$$t_{\mathrm{c}} = W(x,n)t_1 \quad (3-22)$$

式中，t_1 为粗略透射率图；t_c 为经自适应双边滤波处理后的图像。其中，

$$W(x,n) = \exp\left(-\frac{n^2}{2\sigma_d^2}\right)\exp\left(-\frac{(g[x,n]-g[x-n]-\gamma[x-n])^2}{2\sigma_r^2}\right)\quad（3\text{-}23）$$

大气光值 A 的估计可利用图像中不透明的浓雾区域的像素得出。Liu 等（2010）直接利用像素最高值估计全球大气光值，但这种估算方法不准确，此类光可能来自环境中的光源。因此，应采用暗原色值来估计大气光值。具体步骤如下。

（1）计算得到暗通道图。

（2）将暗通道图按照亮度的大小进行排序，取其前 0.08% 的像素。

（3）在原始有雾图像中寻找对应的具有最高亮度的点的值 (r,g,b) 作为 A 值。

根据煤矿井下的实际情况，若取其中的原始像素的某一个点的值作为 A 值，则各通道的 A 值很可能接近 255，这样就会造成处理后的图像出现大量色斑。因此，需采取符合条件值的平均值作为 A 的值，并设置一个参数，当 A 的值大于该值时，就取该值。

3.2.6　图像复原

由尘雾图像退化模型可知，复原图像为

$$J(i,j) = \frac{I(i,j)-A}{t(i,j)} + A\quad（3\text{-}24）$$

但因煤矿井下噪声较多，当透射率 t 的值很小时，导致 J 很大，使图像偏于白场。本章算法设置阈值 T_0，当 $t < T_0$ 时，取 T_0 的值，所以最终增强公式为

$$J(i,j) = \frac{I(i,j)-A}{\max(t(i,j),T_0)} + A\quad（3\text{-}25）$$

综上所述，基于暗通道先验理论和自适应双边滤波的尘雾图像增强算法流程如图 3-5 所示。

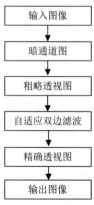

图 3-5　算法流程图

3.3　实验结果与分析

为了验证本算法的有效性，采用了山西某煤矿多个监控视频图像在操作系统为 Windows 7、CPU 为酷睿 I5、内存为 2GB 的计算机上进行了实验。图 3-6 所示为算法的主要过程。

彩图 3-6

（a）原图

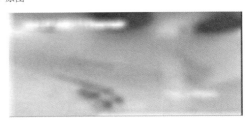

（b）粗略透视图

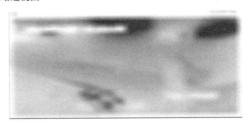

（c）精确透视图

（d）增强图

图 3-6　算法的主要过程

　　可以看出，经过本算法的处理，图像的清晰度、对比度等得到了明显提高。目前常用的图像增强评价标准有两种：一种是主观评价，主要利用人眼直接观察图像效果，这种方式易受主观因素的影响；另一种是客观标准，包括对图像定量描述的方差、图片信息熵、对比度提升指数等。

　　1. 主观评价

　　如图 3-7（a）所示，在煤矿井下受煤尘、光照等因素的影响，图像十分模糊，经本算法处理后如图 3-7（b）所示，图片的对比度、细节、清晰度都得到了显著提高，更加适合人类视觉标准。

（a）尘雾图像

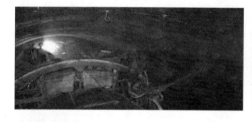

（b）增强图像

图 3-7　本章算法的增强效果

彩图 3-7

　　2. 客观评价

　　为进一步分析本算法的时间复杂度、图像增强效果、清晰度等性能，采用常用的几种评价标准，包括方差（σ^2）、信息熵（information entropy，IE）、对比图提升指数（contrast improvement index，CII）等，与前文介绍的几种算法进行比较。

　　图 3-8（a）是取自煤矿井下伴有噪声的尘雾环境中的图片。图 3-8（b）是采用直方图均衡化处理后的结果，可以看出图像对比度明显增强，但噪声也明显变大，局部对比度过大，图像细节丢失。图 3-8（c）是采用 Tan（2008）算法的处理结果，可以看出同样存在噪声变大的缺点，并且图像细节丢失，尤其是图像轮廓变得模糊不清。图 3-8（d）是采用 He（2009）算法处理的结果，图像的清晰度得到了很好的改善，但存在图像细节恢复不清晰、图像纹理信息丢失的缺点，墙

面、衣服等相关纹理细节被忽略。图 3-8（e）是采用本章算法处理的结果，能较好地增强图像的细节、边缘，使图像清晰且色彩饱和度自然。

（a）原图

（b）直方图均衡化

（c）Tan 算法

（d）He 算法

（e）本章算法

彩图 3-8

图 3-8　增强效果对比

表 3-1 给出了几种图像增强评价标准的对比结果。结果表明，本章算法在图像对比度、细节、清晰度方面效果较好。

表 3-1　复原图像效果比较

评价指标	直方图均衡法	Tan 算法	He 算法	本章算法
σ^2	75	130	156	203
IE	12.301	13.603	14.039	15.844
CII	4.131	2.53	2.596	1.506

表 3-2 给出了不同算法下的运算时间，可以看出本章算法运算速度占有很大优势，比 He（2009）算法提高了近 5 倍。

表 3-2　算法运行时间比较　　　　　　　　（单位：s）

图像	直方图均衡	Tan 算法	He 算法	本章算法
图 3-6（左）	0.635	12.654	8.625	1.423
图 3-6（右）	1.121	13.862	10.165	1.962
图 3-8	1.963	15.564	11.962	2.569

第 4 章　煤矿井下人员检测技术

在煤矿井下安全生产过程中，需要对井下作业人员的行为进行监控。针对煤矿井下人员运动目标不清晰、边界不明显等特点，本章在第 3 章的基础上，研究煤矿井下人员运动的检测方法及煤矿井下人员检测视频的特点。

（1）在整个监控时间段中运动目标出现的可能性很小，因此视频中绝大部分帧不包含运动人员目标。

（2）多数情况下不能清晰地勾勒出运动目标的轮廓。

（3）监控画面中的背景很少改变。

因此，对煤矿井下人员运动进行检测，对检测算法要求较高，要求运算速度快，实时性强，但是对硬件要求较低，也就是对算法的复杂度要求较低。综上，背景减除法和帧间差分法较为符合要求。事实上，帧间差分法就是背景减除法将各帧的前一帧作为背景进行差分的过程。使用这两种算法都能够完成煤矿井下运动目标前景的提取。但如果在运动目标在整个监控时段里出现概率极低的情况下使用背景减除法，建模的过程中将会做很多冗余计算。选取帧间差分法就能够很好地监测出运动目标区域，而且省去了背景减除法的建模过程，使得运算过程更加简洁，能够满足高实时性的要求。

因此，本书选用帧间差分法完成煤矿井下危险区域中运动区域的提取。此外，由于煤矿井下视频的特殊性，需要对传统的帧间差分法做出改进，才能更好地满足对井下人员进行检测的需求。

4.1　运动区域前景提取

帧间差分法是运算速度快且算法原理简单的一种检测算法，但也有一定的局限性，例如在复杂场景下不能提取出运动目标的完整图像。当视频图像的分辨率过高或需要高实时性时，需要采取改进措施使该算法满足检测要求。在煤矿井下危险区域的运动目标检测中，需要对检测出来的目标轮廓进行识别分析。使用帧间差分法仅能完成目标大致运动区域的检测，还要通过检测出来的运动区域对背景进行更新，并使用背景减除法完成前景目标的提取。

在应用帧间差分法之前，需要把彩色图像转换为灰度图像，将 RGB 图像的三通道转换为灰度图像的单通道，使计算量减少为原来的 1/3。若要减少处理像素点的总数量，可以从图像下采样的角度减小图像的分辨率，如将分辨率为 1280×720

像素的视频文件下采样为 640×360 像素的视频文件。图像预处理后，即可开始应用隔帧差分方法。使用改进的隔帧差分法实现的煤矿井下人员目标前景提取的算法流程如图 4-1 所示。

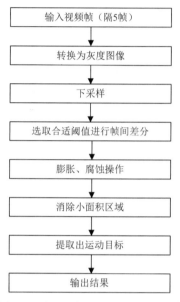

图 4-1　人员目标前景提取算法流程

4.1.1　隔帧差分法

　　应用帧间差分法进行运动目标检测的原理是根据视频序列中的灰度变化提取运动目标前景。如果某帧中出现运动目标，那么相邻的两帧之间就会出现明显的灰度值变化，将两帧相减得到帧间差分图像，选取合适的阈值即可提取运动目标的前景。这种算法简便快捷，但如果运动目标移动较慢，两帧间的图像灰度值差别很小则不能很好地检测出运动目标。要完成缓慢运动目标的前景检测，同时降低算法的时间复杂度和空间复杂度，需要使用隔帧差分法来实现，算法步骤如下。

　　（1）将经过最近邻域下采样的视频图像帧每隔 n 帧选取一帧图像，当前帧图像为 $f_i(x,y)$，则下一帧图像为 $f_{i+n}(x,y)$。如果 n 取 1，那么就是连续的帧间差分法；取 2 时，就是隔一帧差分法。大量实验证明，在煤矿井下的环境中使用隔 5 帧差分法能够检测出缓慢运动的目标，也能够排除背景微小变化所引起的干扰。

　　（2）计算选取的当前帧图像 $f_i(x,y)$ 与下一帧图像 $f_{i+n}(x,y)$ 的差分图像 $FD(x,y)$。

　　（3）使用自适应阈值算法中的直方图法求出阈值 T 对差分图像 $FD(x,y)$ 进行二值化处理。

$$\mathrm{FD}(x,y)=\begin{cases}1, & \left|f_i(x,y)-f_{i+n}(x,y)\right|>T \\ 0, & \left|f_i(x,y)-f_{i+n}(x,y)\right|\leqslant T\end{cases}\qquad(4\text{-}1)$$

图 4-2 中的图片是从实验视频数据流中提出的 4 帧图像,将第
501 帧、第 503 帧、第 505 帧图像分别与第 500 帧做差,得到差分
图像并对其进行二值化处理之后的结果如图 4-3 和图 4-4 所示。

彩图 4-2

（a）第 500 帧图像　　　　　　　　（b）第 501 帧图像

（c）第 503 帧图像　　　　　　　　（d）第 505 帧图像

图 4-2　实验视频帧

（a）隔 1 帧的差分结果　　（b）隔 3 帧的差分结果　　（c）隔 5 帧的差分结果

图 4-3　差分图像

（a）膨胀、腐蚀操作结果　　　　　（b）小区域消除　　　　　（c）最小外接矩形

图 4-4　差分图像处理

求得轮廓区域的最小外接矩形顶点坐标分别为(398,276)、(349,268)、(370,141)、(419,149)，最小外接矩形的长为 128、宽为 49，求得其宽长比为 0.383。

4.1.2　背景更新

煤矿井下危险区域的视频监控多为位置固定的单摄像机监控。监控区域的光线、背景环境受到很多外在因素的影响，使得背景图像也随着时间逐渐变换。要使背景减除法的效果达到最好，关键是创建合适的背景模型更新算法，使得背景模型能够实时更新。在实际应用中，更新算法是否精确与前景目标的准确提取密切相关。

煤矿井下危险区域静止摄像机监控与常规监控有以下不同。

（1）摄像机不会明显抖动，而且背景是静止的。

（2）矿工目标常常在监控范围内占据较大比例，同时其位置变化较大。

（3）光线的变化是背景变化的主要原因，且光线是渐变的。

基于以上特点，背景模型的更新需要符合以下要求。

（1）当监控区域发生变化时，能够快速感应并提取运动目标。

（2）背景图像的更新工作需要灵活地适应环境的变化，不能使用时间复杂度极高的帧平均法进行背景更新。

（3）在监控过程中要能够重新进入场景中的静止目标，同时针对小区域背景渐渐融入的情况，需要避免"鬼影"的出现。

为了符合上述要求，需使用帧间差分法处理变化的背景环境，并提取运动目标区域，再进行背景更新（这里所处理的图像是灰度图像）。背景更新的详细步骤如下。

（1）初始化背景模型。首先使用整个监控视频图像的第 1 帧初始化背景模型，可用 B 来表示。

（2）更新背景模型。光线、环境的变化，可使背景图像产生细微的变化，因此必须及时更新背景模型：首先使用帧间差分法检测整个场景中的运动区域，然后使用运动区域更新背景模型。详细算法为

$$B(x,y,i)=\begin{cases}B(x,y,i-n), & p(x,y)\in D(x,y,i)\\ \alpha\cdot B(x,y,i-n)+(1-\alpha)\cdot f(x,y,i), & p(x,y)\notin D(x,y,i)\end{cases}\quad(4\text{-}2)$$

式中，$B(x,y,i)$ 为视频中第 i 帧的背景模型；$D(x,y,i)$ 为提取的运动区域；$f(x,y,i)$ 为视频图像中第 i 帧的亮度分量值；α 为权值值，实验中取 $\alpha=0.85$。

4.1.3　前景提取

使用视频流中的当前帧减去背景模型，完成运动目标前景的提取。如果差值比规定的阈值 T 大，则其相应的像素点位置为前景区域。算法如下

$$d=\left|I(x,y,i)-B(x,y,i)\right|\quad(4\text{-}3)$$

$$\text{FB}(x,y,i)=\begin{cases}1, & d\geqslant T\\ 0, & d<T\end{cases}\quad(4\text{-}4)$$

式中，$I(x,y,i)$ 为视频流中当前帧的亮度分量值；$B(x,y,i)$ 为使用背景更新方法求出的背景模型；$\text{FB}(x,y,i)$ 为当前帧与背景模型相减得到的差分图；T 为阈值。

求取出差分图像 $\text{FB}(x,y,i)$ 后，再通过数学形态学的方法进行处理，求取连通的运动目标区域的轮廓和它的最小外接矩形。该矩形对应的原图区域就是需要求取的运动目标位置。在前文求取的运动目标矩形块中存在很多很小的图像块，不需要使用它们进行人员目标的判断。这里使用一个阈值将过小的图像块去除掉，仅保留大区域的前景图像块，即

$$\min(W,H)<64\quad(4\text{-}5)$$

式中，W 为前景区域图像块的宽度；H 为前景区域图像块的高度。

式（4-5）使用检测窗口高（128）的 1/2 作为阈值。通过式（4-5）过滤后的图像块才能够被保留下来进行后续判断。

4.2　单矿工运动目标检测

本书使用法国国家信息与自动化研究所（Institut National de Recherche en Informatique et Automatique，INRIA）提供的多视角采集的动态视频库（IXMAS），完成单人轮廓特征参数的统计分析工作，该数据集中 13 个人随意做一些动作，而且方向是任意的。现选取其中的 3 段视频序列，每一段视频均为 782 帧，大小为 390×291 像素，使用背景减法提取其人员目标的剪影轮廓。3 段视频序列的部分前景剪影如图 4-5 所示。

（a）视频序列 1

图 4-5　人员目标剪影轮廓

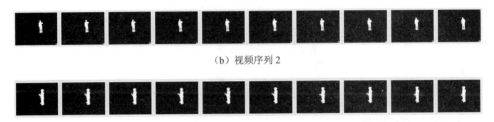

（b）视频序列 2

（c）视频序列 3

图 4-5（续）

下一步工作是使用剪影图像的最小外接矩形的宽长比描述人员轮廓的特征。图 4-6 所示为选取 3 段视频序列的宽长比随着时间变化的函数图。

彩图 4-6

从图 4-6 中可以看出，3 段视频序列中人员轮廓的外接矩形特征变化不大，其宽长比均在 0.3 附近上下浮动。在视频序列 1 中最大值、最小值分别是 0.487、0.209，视频序列 2 中最大值、最小值分别是 0.506、0.219，视频序列 3 中最大值、最小值分别是 0.496、0.212，根据统计结果，本章将使用(0.209, 0.506)区间作为判断单人运动目标的阈值。

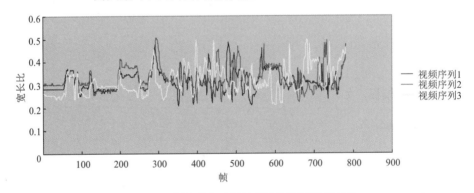

图 4-6　视频序列中目标轮廓外接矩形的宽长比

为了减少整个检测过程的时间复杂度，这里将煤矿井下人员的判断过程分为单运动人体检测和多运动人体检测。在 4.1.3 节完成了运动目标前景的提取，下面给出运动区域人员的判断过程。步骤如下。

（1）对于宽长比在(0.209, 0.506)范围内的目标，确定其为单人目标，这个阈值区间由 4.3 节给出求取的办法。

（2）不满足（1）的目标使用 4.3 节中提供的 HOG+SVM 的方法判断该运动区域是否存在多人目标的情况。

4.3　HOG+SVM 矿工检测

Dalal 和 Triggs（2005）提出的 HOG 算法在目前行人检测算法中效果较为突出。HOG 特征可用于表示原始图像中的细节信息特征。该特征可以同时描述图像局部区域的梯度幅值大小和梯度方向。将两者结合描述人员目标的整体特征，再将求取的 HOG 特征用 SVM 分类器进行二值训练，即可得到一个人员检测分类器。

4.3.1　HOG 特征提取

图像梯度值可用图像函数的一阶导数来描述，假定 $f(x,y)$ 为一个连续的图像函数，则图像中像素点 (x,y) 位置的梯度值是矢量性质的，可表示为

$$\Delta f(x,y)=\left[G_x,G_y\right]^{\mathrm{T}}=\left[\frac{\partial f}{\partial x},\frac{\partial f}{\partial y}\right]^{\mathrm{T}} \tag{4-6}$$

式中，G_x、G_y 分别为沿 x、y 方向的梯度。梯度的幅值和方向角分别为

$$\left|\Delta f(x,y)\right|=\mathrm{mag}[\Delta f(x,y)]=(G_x^2+G_y^2)^{1/2} \tag{4-7}$$

$$\alpha(x,y)=\arctan\frac{G_y}{G_x} \tag{4-8}$$

要求取数字图像的梯度值，可用差分的方法完成。通过对梯度模板进行卷积运算得到梯度方向直方图。常用的梯度模板有一维中心模板、Roberts 模板、Prewitt 模板、Sobel 模板，如图 4-7 所示。

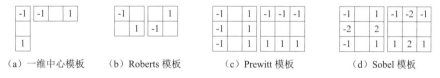

（a）一维中心模板　　（b）Roberts 模板　　（c）Prewitt 模板　　（d）Sobel 模板

图 4-7　常用的梯度模板

若使用的梯度模板不同，则求取的梯度值也是不一样的，这将直接影响使用 HOG 特征训练得到的分类器效果。Dalal 通过实验证明，一维中心模板计算求出的梯度值对人体检测的效果最好。

可用式（4-9）和式（4-10）来描述使用一维中心模板计算像素点 (x,y) 处，x、y 方向的梯度：

$$G_x(x,y)=H(x+1,y)-H(x-1,y) \tag{4-9}$$

$$G_y(x,y)=H(x,y+1)-H(x,y-1) \tag{4-10}$$

式中，$G_y(x,y)$ 为像素点 (x,y) 水平方向的梯度；$G_y(x,y)$ 为像素点 (x,y) 垂直方向的梯度；$H(x,y)$ 为像素值。

下面的式（4-11）用于求取梯度的幅值，式（4-12）用于求取梯度的方向，即

$$G(x,y) = \sqrt{G_x(x,y)^2 + G_y(x,y)^2} \qquad (4\text{-}11)$$

$$\alpha(x,y) = \arctan \frac{G_y(x,y)}{G_x(x,y)} \qquad (4\text{-}12)$$

HOG 特征描述图像中局部区域的纹理特征，并不是图像的所有区域。在提取图像的 HOG 特征时需使用窗口，目的是判断这个窗口区域中有没有人员目标。定义了窗口大小以后，还需要将其划分为块和细胞单元。整个求取过程可以详细描述如下。

（1）输入大小为 64×128 像素的数字图像，并将其处理为灰度图像。

（2）使用一维中心模板求取规范化图像中各个位置像素点的水平方向和垂直方向上的梯度幅值 $G(x,y)$ 和梯度方向 $\alpha(x,y)$。

（3）将整个检测窗口划分成许多不相交的细胞单元，大小为 8×8 像素。因为图像纹理特征的梯度方向中[180°, 360°]可以对应的视角为[0, 180°]，因此此时需要将整个梯度方向都描述在[0, 180°]区间内，同时将其每 20° 划分为一份，便于完成梯度方向直方图的统计。然后使用加权投票的方法求取细胞单元的梯度方向直方图。

（4）每个块包括 2×2 个细胞单元，合并各个细胞单元的直方图求出块的直方图向量。为了消除部分不均匀光照的影响，对其进行归一化处理，在一定程度上消除影响。

（5）将块中的块特征联合起来得到整个窗口的 HOG 特征。

本算法使用的细胞单元为 8×8 像素，块的大小为 16×16 像素的细胞单元，块的跨度为 8 像素，每个梯度方向包含 20°，总共 9 个区间，使用的检测窗口是 64×128 像素，那么将得到一个 3780 维的特征向量来描述该检测窗口。

4.3.2　主成分分析法降维

如果使用 4.3.1 节描述的 3780 维的特征向量来表示一幅大小为 64×128 像素的图像，将会存在很多冗余信息，并会降低分类器的处理效率和识别率。这里使用主成分分析法完成高维 HOG 特征的降维工作，同时使用一个线性的 SVM 分类器完成人体检测分类器的训练过程。

主成分分析（principal component analysis，PCA）使用正交变换来统计目标特征，求出样本空间中的主要成分，并将其投影到一个新的低维空间中，集中表达图像的某些细节特征。

若 $X = \{x_1, x_2, \cdots, x_n\}^T$ 表示由 n 个 HOG 特征向量描述的训练样本矩阵；$\bar{X} = E(X)$ 表示其均值的矢量值；$C_X = E[(X - \bar{X})(X - \bar{X})^T]$ 表示其协方差矩阵；B 是标准正交矩阵；Y 是 X 投影后的结果，则

$$Y = \{y_1, y_2, \cdots, y_n\}^{\mathrm{T}} = \boldsymbol{B}\boldsymbol{X} = \{\boldsymbol{B}x_i, i = 1, 2, \cdots, n\}^{\mathrm{T}} \qquad (4\text{-}13)$$

式中，标准的正交矩阵 $\boldsymbol{B} = \{b_1, b_2, \cdots, b_m\}^{\mathrm{T}}$ 需要使用协方差矩阵求得，使用了前 m 个最大特征根相对应的特征向量，同时 m 的值是降维目标效果的维数。m 的维数可以自行设定。

通过实验得知，将 HOG 降维到 30～400 时，得到的人员检测器识别率和 3780 维的 HOG 特征相差不大，特殊维数的 PCA 降维的识别率更高，当 PCA 降维维数是 100 时，其识别率达到最好，相对于 3780 维的 HOG 特征提高了 1.2%。后续实验将采用 100 维的 PCA 降维方法进行，并分析验证上述结果的有效性。

4.3.3　分类器的训练

这里使用 OpenCV 2.4.6 自带的线性分类器完成训练煤矿井下人员检测分类器的任务。正负样本集的采集及训练的详细步骤如下。

（1）正负样本集的采集。将所有的正负样本分开，人工标注正样本为+1，负样本为-1。同时把采集的正负样本集都归一化为 64×128 像素的标准尺寸。将采集的煤矿井下监控视频图像中的 1500 幅矿工图片作为样本库的正样本集；同时从监控环境中采集 2000 个不含有人体目标的负样本图像，合在一起作为分类器的训练集，图 4-8 所示为部分样本实例。使用的正样本集中有各个拍摄角度的矿工，有部分缺失、部分遮挡的情况，矿工的姿势没有强烈的限制，使得整个训练的难度都加大了。本章使用的负样本主要是从煤矿井下环境中拍摄的不包含矿工的图像中选择的。

彩图 4-8

图 4-8　部分正负样本集

（a）正样本

（b）负样本

图 4-8（续）

（2）分别提取样本集中正负样本的 HOG 特征，然后使用 PCA 对其进行降维处理，降维后的特征维数是 100。人工标注正负样本集，+1 表示正样本，−1 表示负样本，并生成相应的特征矩阵和标签矩阵。

（3）SVM 参数的选定。选用线性的 SVM:CvSVM::C_SVC；其核的类型是 CvSVM::LINEAR，惩罚参数 $C = 0.01$，最大迭代次数是 100。

（4）使用样本集进行训练。得到煤矿井下人员目标检测的分类器，保存 SVM 训练得到的.xml 文件用于人员目标的检测。

对于单人目标判断没有结果的运动目标区域，再使用训练得到的煤矿井下人员检测分类器对其使用多尺度滑动窗口的方法进行判断，检测该区域是否存在多人目标。当然，对检测窗口提取的 HOG 特征也需使用 PCA 对其降维，之后再判断。若分类函数的返回值是正数，则表示检测区域中包含人员；若函数的返回值是负数，则说明无人。这里所使用的矿工检测具体流程如图 4-9 所示。

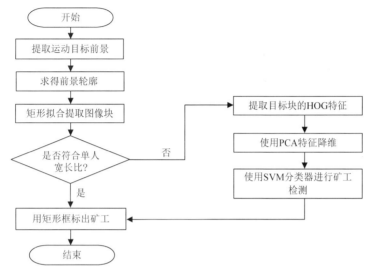

图 4-9　矿工检测具体流程框图

4.3.4　实验结果与分析

通过对煤矿环境收集的 5 段视频（共 2478 帧）进行测试，视频中完整的矿工有 8652 个。测试用的计算机为 2GHz 的 CPU 和 2GB 的内存，软件环境为 VS2010+OpenCV 2.4.6。使用训练得出的煤矿井下环境中的人员检测分类器分别对测试视频进行实验。

在统计结果时，若检测到的矿工面积超过所有矿工面积的 1/2 时，则认为检测的结果是有效的；对小于 1/2 的情况则视其为漏检。其中，误检指的是检测到的目标并非矿工，而是整个环境中其他区域的情况。造成误检的主要原因是负样本数量不足。漏检指的是视频图像中存在没有被检测出来的矿工。在表 4-1 中，漏检率是漏检的矿工数与矿工总数 8652 的比值，误检率是检测错误的矿工数与矿工总数 8652 的比值。实验结果证明，本章使用的人员检测分类器在煤矿井下的应用环境中效果良好，识别率达到了 86.7%，比使用基于安全帽的检测方法（最高84.97%）识别率要高。

表 4-1　两种方法识别率的比较

人员检测方法	正确检测出来的人员数	识别率/%	误检率/%	漏检率/%
使用 PCA 降维	7501	86.7	9.56	10.4
未使用 PCA 降维	7386	85.4	9.73	11.6

采用针对煤矿井下特殊应用环境的人员检测方法，采集了大量煤矿井下环境

中的视频图像作为正负样本集进行训练，使得识别效果很好，同时使用 PCA 降维减少 HOG 特征维数并不会导致识别率的降低，相反使用降维位数为 100 维的 HOG 会使人员检测的识别率更高、效果更好。因为使用运动目标前景提取方法使检测区域大大减小，同时单人目标的提前判断，也使本章使用的煤矿井下人员检测方法效率很高。本章使用的煤矿井下矿工检测方法在检测的速度上能够达到 117ms/帧，如果不使用帧间差分法进行前景运动区域提取以及单人目标的预判断，而是处理视频流中的每一帧，则检测速率将高出 7 倍（为 850ms/帧）左右，能够满足煤矿井下视频监控系统对实时性的要求。

　　图 4-10 给出了使用经训练得到的人员检测分类器进行煤矿井下环境中矿工检测的部分效果图，能够看出其对光线、环境的鲁棒性较强，能够很好地识别出绝大部分的矿工，并且对于部分遮挡的情况也是可以检测出来的。这里使用的矿工检测分类器对于直立行走、正常站立或者动作幅度不大的矿工都能很好地检测出来，但对于部分下蹲和动作幅度较大的情况不能检测出来。同时也存在误检的

彩图 4-10

情况，例如，图 4-10（h）检测到的矿工的面积不足整个面积的 1/2，属于漏检的情况。出现漏检的主要原因是正样本的数量不够，而出现误检的主要原因则是因为负样本不充分。因此，实际使用人员检测分类器的过程中，需要采集更多的正负样本来完成整个机器学习的过程。

图 4-10　部分实验效果

第 5 章　火焰分割算法研究

　　矿井火灾常发生在煤矿井下巷道、工作面、硐室、采空区、输送带等位置。对火灾隐患区域进行视频监控和预警是防范火灾的基本手段。应用火灾检测算法实时检测视频图像可及时发现火灾险情并提前预警，从而达到防范及减灾的目的。火灾检测算法中，分割火焰图像是火灾检测的关键。能否在视频中精确地分割出火焰图像，对后续的火焰特征提取与分析有直接影响。火焰与其他发光物体（白炽灯、阳光）不同，具有独特的颜色特征，其颜色范围处于红与黄之间，因此大多火焰检测算法采用不同的颜色模型提取和分析火焰区域。最常用的颜色模型有 RGB、YUV、YCbCr（luminance，chrominance-blue，chrominance-red）和 HSV（hue，saturation，value）等。Günay 等（2009）提出使用时空小波分析火焰边缘颜色的变化，并结合火焰闪动特征来检测火焰。但现有方法在煤矿井下的特殊环境（如其他光源干扰、噪声较大、光照充足但不均匀）中，对火焰的分割效果不理想。火焰是一个从有到无、从小到大逐渐发展的过程，同时受到汽化、空气流动等因素的影响。因此，火灾也具有运动变化特征。为获取较准确的火焰图像，提高分割算法的有效性，本章采用 HSV 模型和 YCbCr 模型研究火焰识别规则，并结合 ViBe 算法给出一种实时火灾图像分割算法。

5.1　ViBe 算法的优化

　　ViBe 算法是一种像素级视频运动提取算法，由 Barnich 和 van Droogenbroeck 于 2011 年提出。ViBe 基于样本随机聚类进行背景建模。ViBe 算法计算简单、效率较高，且占用硬件资源较少，并能够准确地提取出完整目标。但 ViBe 算法利用单帧视频序列初始化背景模型，导致其在初始化过程中可能会存在错误目标，出现"鬼影"、空洞等问题。"鬼影"即一组连接点的集合，它在运动中可被检测到，但是不对应任何真正移动的对象（Joshi 和 Thakore，2012）。

　　本节针对 ViBe 算法存在的问题给出了改进措施，改进算法的基本流程如图 5-1 所示。

　　ViBe 算法改进措施是通过预处理获取较为真实的背景，作为 ViBe 算法的背景模板。帧间差分法通过计算相邻两帧图像的绝对差值来分析视频图像序列，具有实现简单、计算量小的优点。本章采用改进的三帧差分法（Bascle 和 Deriche，1995）来实现预处理。设 f_t、f_{t+1} 和 f_{t+2} 为视频中连续 3 帧图像，则差分后的

图像定义为

$$\begin{cases} 1, & (|f_{t+1}(x,y)-f_t(x,y)|\geqslant T)\bigcap(|f_{t+2}(x,y)-f_{t+1}(x,y)|\geqslant T) \\ 0, & \text{其他} \end{cases} \quad (5\text{-}1)$$

上述三帧差分法过于简单，很难适应存在大量噪声或干扰的场景。本章的算法考虑到邻域像素的变化，设像素(x,y)的 4 邻域为 $N_4(x_0,y_0)$，若 4 邻域的像素都满足式（5-1），则被标记为前景。

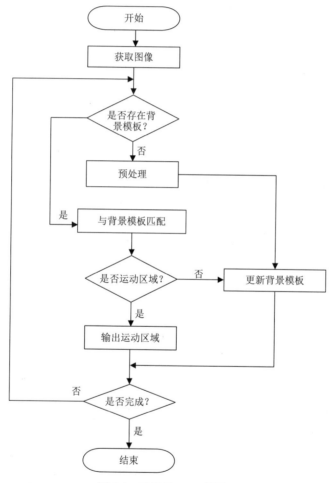

图 5-1　改进的 ViBe 算法

ViBe 检测算法尽管考虑了光照等因素，但仍然难以克服各种噪声的影响，噪声通常会在前景中呈现较小的面积或者一个像素的伪前景。开运算用来消除小物体和纤细处的分离物；闭运算则相反，用来填充细小空洞和连接邻近物体。两种形态学操作都可以在不明显改变图像尺寸的同时达到平滑目标边界的目的。因此，对 ViBe 前景检测的结果进行形态学开闭运算处理。其检测效果如

图 5-2 所示。

|（a）原图|（b）ViBe 算法|（c）改进的 ViBe 算法|

图 5-2　运动检测效果

5.2　火焰颜色识别规则

彩图 5-2

　　虽然采用改进的 ViBe 算法可以实现火焰区域的预分割，但由于复杂的背景、其他运动物体的干扰等原因，导致提取的火焰区域有较大的误差，对于后续的火焰面积、纹理等特征提取是远远不够的，需要进一步排除非火焰区域。

　　火焰的视觉特征是独一无二的。在火焰检测中，火焰颜色是非常重要的特征。彩色图像包含的色彩信息在图像处理过程中是主要依据之一，图像中的火焰颜色特征是最为简单、直接、有效的。在燃烧过程中，火焰会有不同的颜色呈现。火焰颜色变化的基本原理为：燃烧物体的原子在核外运动时有不同的能量，而且是确定但不连续的。当燃烧物体的原子被火花、电弧等激发时，核外的电子会吸收能量，同时会迁移到较高的能量级别上去。由于处于激发状态的电子不稳定，导致其再次回到能量较低的级别时会发出不同能量的光谱线，也就是颜色（Smith，1978）。

　　本节应用基于颜色阈值的分割方法来进一步排除非火焰区域。可燃物在燃烧过程中，其火焰的颜色与背景在亮度、颜色上与其他发光物体不同，随着温度由焰心到外焰逐步升高，在颜色上呈现黄色、橘色到红色的变化。此外，火焰的颜色也会受到以下多种因素的影响。

（1）环境中的光照情况：由于吸收的光不同，因此反射出的光也有所不同。

（2）燃烧的程度：在可燃物燃烧不充分时，火焰的颜色通常为白色或橘黄色。

（3）空气情况：氧气、空气对流都会影响火焰的颜色。

（4）燃烧物：不同元素对应的颜色是不同的，导致不同物质的火焰呈现出不同的颜色。

（5）燃烧时的温度：火焰的颜色随温度的变化而变化，从焰心到外焰呈现不同的颜色。

由于煤矿井下光照不足，为减少对于光照因素的影响，选择可以把色度与亮度分离的 YCbCr 颜色空间模型和 HSV 颜色空间模型来探究适合煤矿井下的火焰颜色识别规则。

5.2.1　基于 HSV 空间模型的火焰识别规则

HSV 是根据颜色的直观性创建的一种颜色空间模型，能较好地反映人对颜色的感知能力，其包含 3 个基本特征，即 hue、saturation、value。其中，H 为色调，用角度表示不同的颜色，被认为是主要成分。一般用 0° 表示红色，120° 表示绿色，240° 表示蓝色。S 为饱和度，表示色彩的纯度。V 为亮度，表示色彩的明亮程度。色调 H 和饱和度 S 包含颜色信息，并与人眼感知颜色的方式紧密相连，而亮度 V 则与图像的彩色信息无关。HSV 三维空间模型如图 5-3 所示。

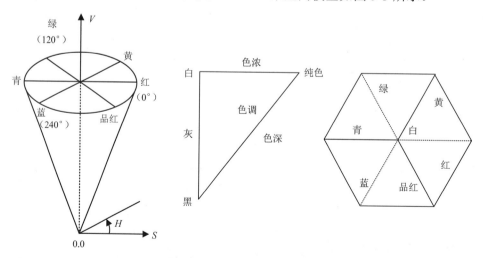

图 5-3　HSV 三维空间模型

其中，水平轴表示纯度，垂直轴表示明度。HSV 颜色模型可以定义为

$$
\begin{cases}
H = \begin{cases}
60\left(\dfrac{G-B}{\delta}\right), & \mathrm{MAX}=R \\[2mm]
60\left(\dfrac{G-B}{\delta}+2\right), & \mathrm{MAX}=G \\[2mm]
60\left(\dfrac{G-B}{\delta}+4\right), & \mathrm{MAX}=B
\end{cases} \\[6mm]
S = \begin{cases}
\dfrac{\delta}{\mathrm{MAX}}, & \mathrm{MAX}\neq 0 \\[2mm]
0, & \mathrm{MAX}\equiv 0
\end{cases} \\[4mm]
V = \mathrm{MAX}
\end{cases}
\tag{5-2}
$$

式中，$\delta = \mathrm{MAX}-\mathrm{MIN}$。其中，$\mathrm{MAX}=\max(R,G,B)$，$\mathrm{MIN}=\min(R,G,B)$。

为了使 H 限定在 $0°\sim 360°$ 的范围内，对其做以下处理，即

$$H = H + 360, \quad H < 0 \tag{5-3}$$

图 5-4 所示为包含火焰的原始图片；图 5-5 所示为图 5-4 中人工标记火焰区域图；图 5-6 所示为图 5-5 中人工标记火焰区域对应的 H、S、V 三通道的直方图。

图 5-4　火焰图

图 5-5　人工标记图

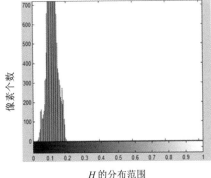

H 的分布范围

（a）H 通道的直方图

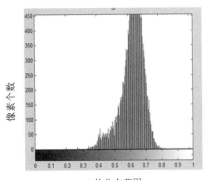

S 的分布范围

（b）S 通道的直方图

图 5-6　图 5-5 中人工标记火焰区域对应的 H、S、V 三通道的直方图

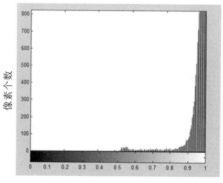

V 的分布范围

（c）V 通道的直方图

图 5-6（续）

由图 5-6 可以看出，火焰区域在 H、S、V 三通道的取值有很大的差异，我们选取 200 幅煤矿井下火灾图像进行实验，发现三通道的取值分别稳定在一定范围内，得出以下识别规则，即

$$R_1=\begin{cases}0.02<H<0.22\\0.28<S<0.8\\0.95<V<1\end{cases} \tag{5-4}$$

如果图像中像素取值满足 R_1，则被标记为火焰像素；否则被排除。

5.2.2 基于 YCbCr 颜色空间模型的火焰识别规则

YCbCr 颜色空间模型是一种色彩空间，作为 ITU-RBT1601 建议的一部分，成为世界数字组织的视频颜色标准。由于人眼在感受色彩上对亮度的改变更加敏感，利用这种特性可通过减少色度信息实现图像压缩。研究发现，蓝色分量、红色分量中含有少量的亮度信息，因此常被用于彩色图像压缩，亦常用于 DVD、电视等产品中的色彩编码。YCbCr 颜色空间模型不是一种独立的颜色空间，而是对 YUV 颜色空间进行缩放、偏移得到的。YCbCr 颜色空间与人类对自然界颜色的感知过程十分相似。它把亮度与色度分离，将亮度作为主要成分。YCbCr 颜色空间与 RGB 颜色空间的相互转换是一种线性关系。其中，Y 是流明，用来非线性地表示光的浓度，采用伽马修正编码处理；Cb 和 Cr 则为蓝色色度分量和红色色度分量的浓度偏移量成分。通过式（5-5）可以将 RGB 色彩空间转换到 YCbCr 色彩空间，即

$$\begin{bmatrix}Y\\Cb\\Cr\end{bmatrix}=\begin{bmatrix}0.257&0.504&0.098\\-0.148&-0.291&0.439\\0.439&-0.368&-0.071\end{bmatrix}\begin{bmatrix}R\\G\\B\end{bmatrix}+\begin{bmatrix}16\\128\\128\end{bmatrix} \tag{5-5}$$

每个分量所对应的均值 Y_{mean}、Cb_{mean}、Cr_{mean} 可通过式（5-6）计算求得，即

$$\begin{cases} Y_{mean} = \dfrac{1}{n}\sum_{i=1}^{n} Y(X_i, Y_i) \\ Cb_{mean} = \dfrac{1}{n}\sum_{i=1}^{n} Cb(X_i, Y_i) \\ Cr_{mean} = \dfrac{1}{n}\sum_{i=1}^{n} Cr(X_i, Y_i) \end{cases} \quad (5\text{-}6)$$

彩图 5-7

彩图 5-8

图 5-7 所示为原始图片，图 5-8 中红色部分为手工标注的火焰区域（彩图 5-8），火焰区域对应的直方图如图 5-9 所示。

图 5-7　火焰图片

图 5-8　人工标注

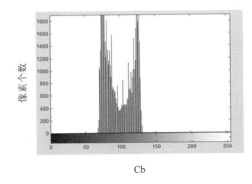
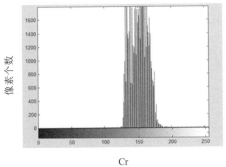

图 5-9　图 5-8 中火焰对应的 Cb 和 Cr 通道直方图

由图 5-10 和表 5-1 可知 Cb、Cr 的取值在一定范围内。实验证实，火焰的 Cb、Cr 取值稳定在一个范围内，故可定义火焰颜色识别规则为

$$R_2(x,y) = \begin{cases} 1, & (75 \le Cb(x,y) \le 120)\bigcap(125 \le Cr(x,y) \le 200) \\ 0, & \text{其他} \end{cases} \quad (5\text{-}7)$$

式中，(x, y) 为图像中该位置的像素值。如果该像素值满足 $R_2(x,y)$，则被认为是火焰像素，同时赋值为 1；否则赋值为 0。

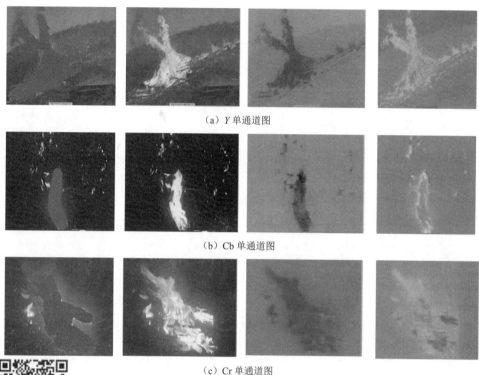

（a）Y 单通道图

（b）Cb 单通道图

（c）Cr 单通道图

图 5-10　Y、Cb、Cr 单通道图

彩图 5-10

表 5-1　各通道值

图片	Y_{mean}	Cb_{mean}	Cr_{mean}
图 5-10（a）	141	95	151
图 5-10（b）	121	102	156
图 5-10（c）	110	98	153

由表 5-1 可知，Y 通道的均值大于 Cb 通道的均值，同时 Cr 通道的均值大于 Cb 通道的均值。笔者选取 200 幅煤矿井下火灾图像进行实验，得出火焰颜色识别规则 R_3，即

$$R_3(x, y) = \begin{cases} 1, & (Y(x,y) \geqslant Cb(x,y)) \bigcap (Cb(x,y) \leqslant Cr(x,y)) \\ 0, & 其他 \end{cases} \tag{5-8}$$

由图 5-10 中单通道图可以看出，火焰在 Cb、Cr 通道有明显的差异，火焰在 Cb 通道呈现灰黑色，在 Y 通道呈现灰白色，可以用 R_4 来体现这种差异，即

$$R_4(x, y) = \begin{cases} 1, & |Cb(x,y) - Cr(x,y)| \geqslant T \\ 0, & 其他 \end{cases} \tag{5-9}$$

式中，T 为阈值，可以根据 ROC（receiver operating characteristics）曲线来确定。

如图 5-11 所示的 ROC 曲线是通过测试 200 幅图像得到的，其中 T 的取值范围为 1～120。首先对图像中的火焰区域进行手工标记，然后运用 R_1～R_4 这 4 条识别规则综合进行处理。图中横坐标代表误报率，纵坐标代表识别率。识别是指正确地识别出图像中的火焰区域，误报是指在不含火焰的图像上识别出火焰。ROC曲线上每个点对应 3 个取值，即识别率、误报率和 T。图 5-11 中 x 点对应的 3 个值分别为识别率为 80%，误报率为 23%，T 为 65。从图 5-11 中可以看出，较高的识别率通常伴随着较高的误报率，考虑到实际需求，本实验采用 $T=75$，此时识别率为 93%，误报率为 27%。

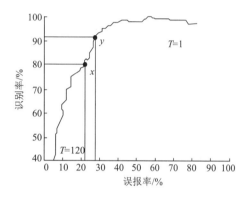

图 5-11 ROC 曲线

对于输入视频中的每一帧都要经过 R_1～R_4 识别规则的筛选，然后再输出火焰区域图像。火焰区域图像包含 255、0 两种值。255 表示火焰像素，0 表示非火焰像素。图 5-12 所示为运用颜色识别模型实现火焰区域分割的效果图。从图 5-12可以看出，本章提出的火焰颜色识别规则能较准确地提取出火焰区域图像。

（a）原始图像　　　　　　　　　　（b）火焰区域图像

图 5-12 颜色分割图

5.3　火焰分割算法

基于前面介绍的火焰识别规则和改进的 ViBe 算法,本章所提出的火焰分割算法整体框架如图 5-13 所示。

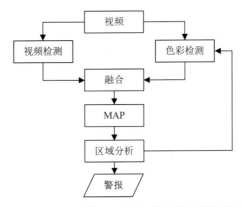

图 5-13　本章所提出的火焰分割算法整体框架

设 C 表示经过颜色识别规则检测获取的火焰区域,V 表示经过改进 ViBe 算法处理所得火焰区域,二者皆为二值图像,则 MAP 表示两者融合后的二值图像,即

$$MAP = VC \qquad\qquad (5\text{-}10)$$

5.4　实验结果与分析

为验证本章所提算法的有效性,我们选择了 Bilken 大学的火灾视频库、加拿大一个火灾识别研究小组在互联网上发布的若干火灾视频和某煤矿井下火灾视频进行实验。表 5-2 给出了选取的 5 段视频的描述,其中包括 4 段含火焰视频、1 段非火焰视频。视频样本和实验结果如图 5-14 所示。

表 5-2　视频样本描述

视频	描述
图 5-14（a）	室内火焰,背景与火焰颜色相近
图 5-14（b）	煤矿井下起火视频,背景光照不足,具有大量煤尘干扰,背景与煤炭燃烧火焰十分相似
图 5-14（c）	森林火焰,其中一个面积较大,两个面积较小,火焰的浓烟中伴有火星
图 5-14（d）	煤矿井下电缆起火视频,井下光照不足,电缆燃烧颜色泛白
图 5-14（e）	煤矿井下有白炽灯,白炽灯和被灯照亮的铁柱与火焰颜色相似

火焰和非火焰的检测结果如表 5-3 所示。其中，A 表示视频总帧数；F 表示包含火焰的帧数；T 表示火焰检测率；f 表示误检率。

彩图 5-14

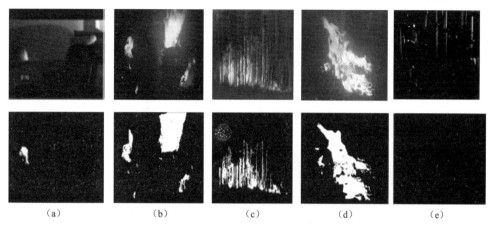

| (a) | (b) | (c) | (d) | (e) |

图 5-14 实验效果

表 5-3 实验结果

视频	A	F	T/%	f/%
图 5-14（a）	325	225	96.5	3.5
图 5-14（b）	625	570	99	1
图 5-14（c）	195	195	100	0
图 5-14（d）	65	50	8	92
图 5-14（e）	275	0	5	95

从表 5-3 和图 5-14 可以看出，本算法不仅可以准确检测出火焰区域，同时能排除运动物体、相近颜色物体的干扰，有较高的火焰检测率，算法鲁棒性较好，但对于火焰偏白区域的检测效果不是很准确，还需进一步研究增强算法的适用性。

Celik 等（2006）采用背景减法的高斯模型方法检测运动区域，并结合 RGB 颜色空间模型实现火焰的分割，实验证明此方法对光照较敏感，不适宜复杂的环境。Sumei 等（2015）采用背景更新的差分法实现对运动区域的检测，并集合 YCbCr 颜色空间模型完成火焰疑似区域的分割，但由于 YCbCr 颜色空间模型缺乏对色调饱和度的描述，因此该算法不适宜在开阔地点或室内使用。图 5-15 给出了 3 种算法的比较。

由图 5-15 可以看出，Celik 算法在背景中含有与火焰颜色相近的干扰物体时，算法的准确率较低,存在漏检、误检的问题,难以适应复杂的背景。Sumei 等(2015)虽然在一定程度上改善了 Celik 的算法,使得火灾检测精度有了明显提高,但由于缺乏饱和度的描述,算法对于噪声比较敏感;同时由于算法中采用改进背景模型来提高背景差分法的检测准确率,导致计算复杂度较高,很难满足实时性的要求。本章所提算法不仅在火焰分割的识别精度上有了较大提高,同时能适应光照较弱、噪声较大的复杂环境。

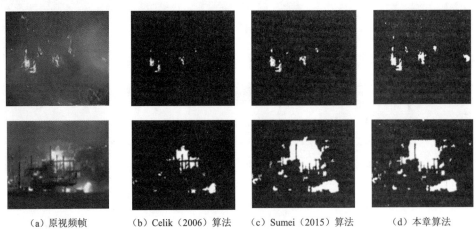

（a）原视频帧　　　（b）Celik（2006）算法　　　（c）Sumei（2015）算法　　　（d）本章算法

图 5-15　不同算法识别精度比较

彩图 5-15

第 6 章　基于 SVM 的火焰检测算法设计与实现

6.1　SVM 算法简介

SVM 最早是由 Vapnik 提出的一个学习算法，是目前常用的模式识别算法之一（邓晓飞和徐蔚鸿，2013），其基本方法是将低维不可线性分割的数据映射为高维空间中线性可分的样本，使之成为一个二次凸状问题，确保得到的局部最优解就是全局最优解。传统的模式识别方法如神经网络，大多考虑最小化经验风险，而 SVM 着眼于结构风险最小原理，在小样本、非线性、高维空间的模式识别问题上 SVM 有着较好的泛化能力。

6.1.1　VC 维理论与结构化最小风险

VC 维（Vapnik-Chervonenkis dimension）是由统计学理论定义的有关函数集学习性能的一个重要指标。VC 维反映了在函数集学习过程中一致收敛的速度和推广性，可以简单地将其理解为问题的复杂程度。VC 维越高，问题越复杂。对于一个含有 n 个样本的样本集，若能够用一个函数集内的函数把所有的 2^n 种可能形式分为两类，则称样本集能被函数集打散，样本的 VC 维就是被打散的样本集的最大样本数量。一般把对样本分类的函数称为分类器。例如，在平面内有 3 个点，线性函数能将这 3 个点打散，即分成两类，如图 6-1 所示。

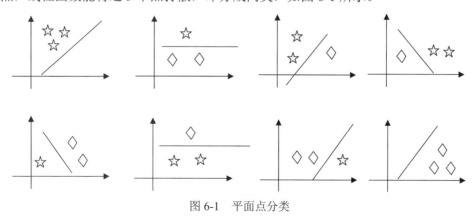

图 6-1　平面点分类

分类器在样本数据上分类的结果与真实结果之间的差值称为经验风险。一些机器学习方法把经验风险最小化作为努力的目标，但后来发现很多分类函数能够在样本集上轻易达到100%的正确率，而在真实分类中却不好（泛化能力差）。出现这种情况是因为选择分类函数过于复杂（它的 VC 维很高），虽然能够精确地记住每一个样本，但却不适用于样本之外的数据分类。经验风险最小化原则适用的前提是经验风险要确实能够逼近真实风险。但实际上，经验风险最小化原则只适用于占很小比例的样本，而在更大比例的真实样本上并不能保证没有误差。因此，引入泛化误差界的概念，即真实风险由两部分内容组成：一是经验风险，表示分类器在训练样本上的误差；二是置信风险，即对分类器在未知文本上分类结果的信任程度。

$$\varphi(h,n,\sigma) = \sqrt{\frac{8}{n}\left(\frac{h\left(\dfrac{\ln 2n}{h}+1\right)\ln 4}{\sigma}\right)} \qquad (6\text{-}1)$$

式（6-1）称为置信风险，其与样本大小、VC 维有关。n 为样本数量；h 为函数集的 VC 维。

　　对于分类器来说，经验风险 $R_E(\sigma)$、实际风险 $R(\sigma)$、概率 $1-\sigma$ 之间满足：

$$R(\sigma) \leqslant R_E(\sigma) + \varphi(h,n,\sigma) \qquad (6\text{-}2)$$

　　对于置信风险来说，它是 n 的递减函数，当 n 趋于无穷大时，其趋于零，此时经验风险近似于结构风险。当样本较少时，则结构风险依赖于置信风险和经验风险。因此，有两种方法可以控制真实风险。

　　（1）最小化经验风险。真实风险的上限随经验风险的减少而减少。

　　（2）最小化置信风险。置信风险依赖于样本数量 n、函数集的 VC 维。

　　把函数集分解为一个函数子集序列，使各个子集按照其 VC 维的大小排列，因此在同一个子集中的置信风险就相同。然后，在每个子集中分别找出最小化经验风险，而在各个子集间折中考虑置信风险和经验风险，选择最小化经验风险与最小化置信风险之和最小的函数，就是所求的最优函数，这种思想称为结构风险最小化。

6.1.2　分类器

　　SVM 是基于简单的线性可分问题发展起来的。线性分类器的目标是寻找一个超平面，将数据空间中的数据分为两类，分别位于超平面的两侧，距离超平面越远的数据其分类就越可靠。线性分类器的分类示意图如图 6-2 所示。

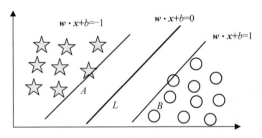

图 6-2　线性分类器的分类示意图

其中，A、B 为支持平面，位于 A、B 上的点称为支持向量，L 为两类数据的最优超平面。

$$f(x) = \boldsymbol{w} \cdot \boldsymbol{x} + b \tag{6-3}$$

若 $f(x) = 0$，即所求为最优超平面，当 $f(x) > 0$ 时，对应的点是 I 类（五角星，$y=1$ 类）；当 $f(x) < 0$ 时，对应的点是 II 类（圆圈，$y = -1$ 类）。考虑到距离超平面越远的数据其分类越可靠，因此设点 x_1 到最优超平面的距离为

$$s = \frac{\left| f(x_1) \right|}{\|\boldsymbol{w}\|} \tag{6-4}$$

从图 6-2 中可以看出，距离超平面最近的点位于支持平面上，即 $\left| f(x) \right| = 1$。当将 $\boldsymbol{w}$、b 分别扩大 2 倍时，即 $\left| f(x) \right| = 2$，此时超平面没有发生变化，因此可以令 $\left| f(x) \right| = 1$ 来规范化 $\boldsymbol{w}$、b，即

$$G = \frac{1}{2} \|\boldsymbol{w}\|^2 \tag{6-5}$$

此时求超平面的问题转化为一个凸优化问题。对于这个问题可以利用拉格朗日的对偶性（求解与原问题等价的问题来求得最优解）来求解，引入拉格朗日乘子（对偶变量）可得

$$L(\boldsymbol{w}, b, a) = \frac{1}{2} \|\boldsymbol{w}\|^2 + \sum_{i=1}^{l} \alpha_i (y_i [\boldsymbol{w} \cdot \boldsymbol{x} + b] - 1) \tag{6-6}$$

式中，$\alpha_i \geq 0$ 为每个样本的拉格朗日乘子，通过对 $\boldsymbol{w}, b$ 求导得

$$\begin{cases} \dfrac{\partial L(\boldsymbol{w}, b, a)}{\partial \boldsymbol{w}} = \boldsymbol{w} - \sum_{i=1}^{l} \alpha_i x_i y_i \\ \dfrac{\partial L(\boldsymbol{w}, b, a)}{\partial b} = \sum_{i=1}^{l} \alpha_i y_i \end{cases} \tag{6-7}$$

令偏导数为零，得

$$\begin{cases} \sum_{i=1}^{l} \alpha_i y_i = 0 \\ \sum_{i=1}^{l} \alpha_i x_i y_i = \boldsymbol{w} \end{cases} \tag{6-8}$$

因此，判别函数（最优平面）可以表示为

$$h(x) = \text{sgn}[\boldsymbol{w} \cdot \boldsymbol{x} + b] = \text{sgn}\left[\sum_{i=1}^{l} \alpha_i y_i (\boldsymbol{x} \cdot x_i) + b \right] \tag{6-9}$$

在实际应用中，大多数样本集在原始空间内都是线性不可分的。SVM 采用非线性映射方法，将原始空间的样本映射到高维空间，使样本在高维空间中能够线性可分。因此，考虑使用式（6-10）所示的映射函数（核函数），即

$$f(x) = \sum_{i=1}^{l} w_i \cdot \boldsymbol{\Phi}(\boldsymbol{x}) + b \qquad (6\text{-}10)$$

式中，$\boldsymbol{\Phi}: \boldsymbol{x} \to f$，即从原始空间到某个高维空间的映射，然后使用线性分类器进行分类。

6.1.3 核函数

SVM 使用核函数将低维空间中线性不可分问题映射到高维空间，然后利用线性分类器进行学习。SVM 的核心在于核函数，不同的核函数会直接影响 SVM 的学习能力、泛化能力。因此，需根据实际情况来选择核函数。常见的核函数有 3 种，如表 6-1 所示。

表 6-1 核函数

核函数	内积核
多项式	$K(\boldsymbol{X}, X_i) = (\boldsymbol{X}^{\mathrm{T}} X_i + 1)^q, q > 0$
径向基函数	$K(\boldsymbol{X}, X_i) = \exp(-\|\boldsymbol{X} - X_i\|^2) / \sigma^2$
Sigmod 函数	$K(\boldsymbol{X}, X_i) = \tanh(\beta \boldsymbol{X}^{\mathrm{T}} X_i + \gamma)$

核函数的选择没有固定模式，只能根据样本的特点，通过实验来选取性能较好的核函数。目前最常用的方法是交差验证法，即分别采用不同的核函数进行实验，根据实验结果选取误差最小的核函数。实验发现，影响核函数的关键因素是核函数参数的选择和惩罚系数。因此，可以从这两方面进行研究。

6.2 火焰图像特征提取

火焰图像特征提取是火焰识别的基础，通过提取火焰图像特征，并通过这些特征判别是否发生火灾。火灾的发生过程中，颜色和温度是最显著的特征，此外还有面积变化、边缘、形状等特征。本节采用火焰形状、面积特征（李涛等，2014）、纹理特征（Song et al., 1998）、圆形度（王文豪等，2014）进行火焰分析。

6.2.1 面积特征

火灾初期，火焰不稳定，火焰面积呈增长趋势。由于受到空气流动等外界因素的影响，火焰面积不一定持续变大，也可能忽大忽小。本节利用两帧之间的火焰面积变化率来描述火焰的面积特征，即

$$K = \frac{|A_n - A_{n-k}|}{\max(A_n, A_{n-k}) + \kappa} \qquad (6\text{-}11)$$

式中，A_n 为火焰图像面积；κ 为一个很小的数，用于避免在没有火焰时出现异

常错误。

在一段火灾早期的视频流中，选取两帧视频图像并提取火焰的面积，如图 6-3 所示。

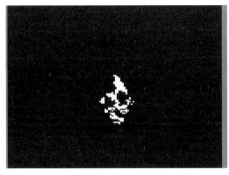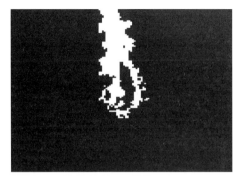

图 6-3　火焰面积

6.2.2　边缘特征

火焰的边缘特征是其自身独有的特征，与其他发光物体或具有稳定边缘的目标有着明显的不同，常用于火焰的判别。陈莹和吴爱国（2006）采用了弗雷曼链码描述火焰的近似边缘。但该方法运算复杂、实时性较差，不能满足火灾迅速识别的要求。研究表明，火焰在燃烧过程中呈现出一种"抖动"现象，在图像上表现为火焰的尖角数目呈无规则跳动，而其他类似火焰的物体如蜡烛、白炽灯等，其尖角数目较少且趋于稳定。仇国庆等（2013）提出通过统计火焰的尖角数目及其变化程度来判别火焰，显著提高了火焰识别率。

人类对火焰尖角的视觉感受主要是狭长的局部区域，分为两种情况，如图 6-4 所示。

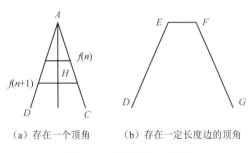

（a）存在一个顶角　　　　　（b）存在一定长度边的顶角

图 6-4　火焰尖角示意图

在数字图像中，尖角是由一个个像素点组成的。尖角顶点为局部最大值，并且在最大值上侧的像素值为白像素。设图像中某行的亮度数为 $f(n)$，下一行的亮度数为 $f(n+1)$，则可通过计算 $f(n)/f(n-1)$ 的值来判定尖角。为避免个别像素突起所带来的影响，尖角的高度也要满足一定的条件。若其高度没有超过 3 个像素点，则不能视为火灾尖角。表 6-2 统计了相邻 5 帧视频图像的常见光源与火焰的尖角数目。

表 6-2　火焰及其他干扰物的尖角统计

图像	帧编号				
	1	2	3	4	5
火焰	5	8	14	6	16
白炽灯	1	1	2	2	1
蜡烛	3	2	1	3	2
手电	1	2	1	2	1

由表 6-2 可以看出，火灾早期火焰的尖角个数与其他发光物体有着明显的区别，火焰的尖角个数都在 5 个以上，而其他物体的尖角个数都小于 5 个。取连续 N 帧图像统计其尖角数目情况并将实验数据代入 $f(n)/f(n-1)$ 得到火焰的尖角数目为 11，因此可以设置火灾尖角阈值为 6~12。

6.2.3　形状特征

形状特征反映了目标对象的表现形式，一般采用轮廓特征和轮廓区域特征来描述。火焰的形状通常呈现不规则变化，而一些类似火焰的物体（蜡烛、灯泡等）则具有相对规则的形状。火焰形状特征可使用圆形度 R 来度量。圆形度又称复杂度、分散度。目标区域的形状越复杂，圆形度的取值越小。其公式为

$$R = \frac{4\pi S}{L^2} \tag{6-12}$$

式中，L 为火焰区域的周长；S 为面积。

表 6-3 所列为火焰和一些常见干扰物的圆形度计算结果。

表 6-3　火焰及其他干扰物的圆形度统计

图像	帧编号					平均值
	1	2	3	4	5	
火焰	0.245	0.219	0.216	0.197	0.256	0.227
手电	0.863	0.799	0.678	0.778	0.816	0.787
车灯	0.567	0.583	0.596	0.518	0.534	0.560
烟头	0.641	0.546	0.656	0.667	0.567	0.615

6.2.4　纹理特征

图像的均匀、细致和粗糙程度可用纹理特征来描述。诸多物体与火焰具有相

近的颜色。它们之间的差异就是颜色值的组合与空间分布不同，即具有不同的纹理。纹理特征是描述图像的一个重要全局特征，它是物体表面或目标区域的一种显著特征，具有旋转不变性和尺度不变性。纹理特征不仅反映了图像的灰度变化规律，同时也体现了图像的结构信息和空间分布信息。纹理特征提取方法有统计分析法、结构分析法、频谱分析法及关键点分析方法。其中最常用的是基于灰度共生矩阵的纹理分析法。

纹理特征提取过程中，灰度共生矩阵是纹理提取过程中一个很重要的概念。它通过描述灰度的空间相关性来反映纹理特征，是对图像灰度的方向、空间间隔和变化幅度等信息的客观反映。假设图像的大小为 $N \times N$ 像素，则灰度共生矩阵可表示为

$$M_{(\Delta X, \Delta Y)}(i,j) = \{(x,y) \in N \times N \,|\, I(x,y) = i, I(x+\Delta x, y+\Delta y) = j\} \quad (6\text{-}13)$$

式中，位于 (i,j) 处的元素值 M 表示图像中灰度值分别为 i 和 j 的两个距离为 $(\Delta x, \Delta y)$ 的像素对出现的次数，对其归一化得

$$P(i,j) = \frac{M(i,j)}{R}, \quad R = \begin{cases} N(N-1), & \theta = 0^\circ \text{ 或 } \theta = 90^\circ \\ (N-1)^2, & \theta = 45^\circ \text{ 或 } \theta = 135^\circ \end{cases} \quad (6\text{-}14)$$

1. 能量特征提取

基于灰度共生矩阵，可以获得图像能量特征。图像能量表示图像纹理粗细程度，纹理越粗，能量越大；反之亦然。图像能量 ASM（angular second moment）定义为

$$\text{ASM} = \sum_{i=0}^{n-1} \sum_{j=0}^{n-1} p(i,j)^2 \quad (6\text{-}15)$$

2. 局部均匀特征

纹理的局部均匀性用逆差矩（inverse different moment，IDM）来反映，逆差矩越小，纹理的分布越均匀。其定义为

$$\text{IDM} = \sum_{i=0}^{n-1} \sum_{j=0}^{n-1} \frac{P(i,j)}{1+|i-j|^2} \quad (6\text{-}16)$$

取火焰图像 0°、45°、90°、135° 这 4 个方向的灰度共生矩阵，分别计算出逆差矩和能量两个纹理特征统计量，然后取 4 个方向的平均值作为识别判据。表 6-4 和表 6-5 分别给出了火焰图像与其他干扰物的逆差矩和能量的统计结果。

表 6-4　火焰及其他干扰物的逆差矩统计

图像	帧编号					平均值
	1	2	3	4	5	
火焰	0.00161	0.00172	0.00175	0.00183	0.00151	0.00168
手电	0.00351	0.00362	0.00385	0.00393	0.00322	0.00363
车灯	0.00643	0.00652	0.00615	0.00633	0.00622	0.00633

表 6-5　火焰及其他干扰物的 ASM 能量统计

图像	帧编号					平均值
	1	2	3	4	5	
火焰	0.0216	0.0211	0.0192	0.0203	0.0198	0.0204
手电	0.0464	0.0462	0.0463	0.0462	0.0468	0.0464
车灯	0.0023	0.0021	0.0022	0.0025	0.0026	0.0023

从表 6-4 和表 6-5 可以看出，火焰图像的能量特征和逆差矩特征与其他干扰物有明显差异，因此可以排除烟头、手电、车灯等的干扰，从而提高算法的检测率和鲁棒性。

6.3　火焰检测算法

基于第 4 章火焰分割算法可获取火焰区域，对每个区域提取下列特征：火焰面积特征 R_1、边缘特征 R_2、逆差矩特征 R_3、圆形度特征 R_4 和能量特征 R_5 组成特征向量，作为 SVM 的输入，来实现火灾的自动识别。

$$F=[R_1,\ R_2,\ R_3,\ R_4,\ R_5\ ]^T \qquad (6-17)$$

这是一个五维空间二分类问题，用 T_1、T_2 表示火焰区域和非火焰区域。算法的训练、检测过程如图 6-5 所示。

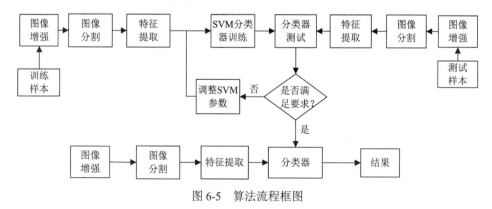

图 6-5　算法流程框图

6.4　实验结果与分析

惩罚因子和参数是影响 SVM 学习能力的主要因素，因此采取带惩罚因子的 SVM 即 C-SVM，并应用 LIB-SVM 软件工具进行相关实验。正负样本选择以及训练识别的详细过程如下。

（1）正负样本集的采集。采用人工标记的方式将正样本标为+1，负样本标为-1，同时把采集的正负样本集都归一化为标准尺寸。将采集的煤矿井下监控视频中火灾视频和两段室内火灾视频作为样本库的正样本集；同时从监控环境采集不含火灾的视频作为负样本图像，合在一起作为分类器的训练集。图 6-6 所示为部分样本实例。

彩图 6-6

視頻 a　　　　　　　　　視頻 b　　　　　　　　　視頻 c

（a）正样本

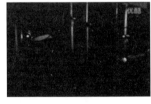  

視頻 d　　　　　　　　　視頻 e　　　　　　　　　視頻 f

（b）负样本

图 6-6　视频样本

正样本中包括煤炭自燃、井下温床起火、井下电缆起火、森林火灾等各种类型、火势大小不同的视频。负样本中包含类似火焰颜色背景、运动物体干扰等各种类型视频。

（2）通过第 3 章和第 4 章算法获取火焰图像并分别提取正负样本中的火焰面积特征、边缘特征、逆差矩特征、圆形度特征、能量特征组成特征向量。

（3）SVM 参数选择。选取惩罚系数为 0.01、最大的迭代次数为 100、核函数为径向基函数开始训练，并会根据识别情况不断改变 SVM 的参数。为了比较不同核函数对于 SVM 学习能力的影响，选取了火焰图像和非火焰图像共 500 幅对不同核函数在内存为2GB、CUP为i7的计算机上进行实验，实验结果如表6-6所示。

表6-6　核函数实验

核函数	准确分类的总数	准确率/%
多项式	405/500	81
径向基函数	451/500	90
Sigmod 函数	396/500	79

　　由表6-6可以看出，径向基函数比其他函数的分类效果要好，同时基于径向基函数的分类器性能比较稳定，分类效果不会出现较大误差。因此，选择核函数为径向基函数。

　　（4）获取视频图像并采用第4章算法进行预处理、第5章算法进行火焰图像分割，将所得结果作为待检测图像输入到训练好的SVM中进行检测。

　　Yoon-Ho 等（2014）采用背景减法的高斯模型方法检测运动区域，并结合RGB颜色空间模型实现火焰的检测，但此方法对光照较敏感，不适宜复杂的环境。Sumei 等（2015）采用背景更新的背景减法实现对运动区域的检测，并集合YCbCr颜色空间模型完成火焰疑似区域的分割，最后结合火焰动态特征实现对火焰的检测，但由于YCbCr颜色空间模型缺乏对色调和饱和度的描述，因此该算法误测率较高。图6-7所示为本章给出的算法与这两种算法的比较。

彩图 6-7

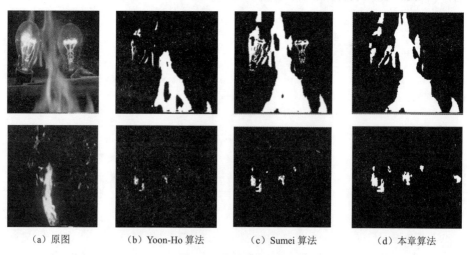

| （a）原图 | （b）Yoon-Ho 算法 | （c）Sumei 算法 | （d）本章算法 |

图6-7　实验结果比较

　　Dimitropoulos 等（2015）采用火焰图像的时空特性，并结合火焰的颜色特征、轮廓特征、纹理特征等通过SVM来识别分类。采用此算法与本章给出的算法相比较，结果如表6-7和表6-8所示。

表 6-7　算法的检测效果比较（正样本）

视频	视频总帧数	火焰帧数	非火焰帧数	Dimitropoulos 方法检测率/%	本章检测率/%
视频 a	975	525	450	90	98
视频 b	675	570	105	95	99.6
视频 c	360	285	75	96	92

表 6-8　算法的检测效果比较（负样本）

视频	视频总帧数	火焰帧数	非火焰帧数	Dimitropoulos 方法误检率/%	本章误检率/%
视频 d	255	0	255	3	1
视频 e	600	0	600	5	8
视频 f	285	0	285	10	5

由表 6-7 和表 6-8 可以看出，本章给出的算法在有背景干扰（灯光）时，误检率较高，原因在于该算法没有考虑火焰的运动信息。本章所提算法的检测率可超过 97%，误检率和检测率均优于 Dimitropoulos 等（2015）所提算法。在煤矿井下光照较弱、噪声较大的环境中具有较好的检测率和较低的误检率，能够满足煤矿井下火灾监控的要求。但在火焰颜色偏白的情况下检测效果不佳。

第 7 章　人脸识别相关技术及其理论

人脸检测是判断给定每一帧视频或一幅图像中是否存在人脸，若存在则标记具体的人脸位置。人脸跟踪的基础是人脸检测。人脸跟踪是检测给定的图像序列中是否存在人脸，如果存在则通过相邻序列图像间的关系进行人脸跟踪。人脸识别是在人脸跟踪的基础上对人的身份做进一步的识别确定。精确的人脸识别是一个好的人脸考勤系统的关键部分。本章介绍了人脸检测、人脸跟踪和人脸识别运用的相关技术及其理论。

7.1　Haar 矩形特征的检测

人脸特征中既有差异性又有共同性。在模式识别中，人脸的检测与识别是截然相反的两个方向，人脸识别主要在于发现不同的人脸之间存在的差异性，而人脸检测在于寻找不同人脸的共同特征，将人脸图像分为"脸"和"非脸"。因此，可将人脸检测看成一个只有两个类的分类问题。人脸检测是通过学习大量的训练样本图像降低"脸"的类内可变性，提高"脸"和"非脸"的类间可变性，其目标是从人脸图像中得到一个具有较大类内可变性的对象类。

7.1.1　Haar 矩形特征

Haar 矩形特征的值定义为白色矩形中的像素值之和与黑色矩形中的像素值之和的差。图 7-1 是 4 种基本的 Haar 矩形特征形式。Haar 矩形特征包含特别多的矩形个数，如一个 24×24 的检测器模板包含 4 万多个相应矩形框。

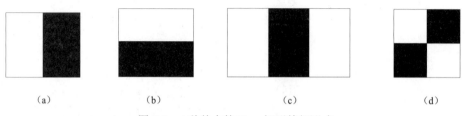

| (a) | (b) | (c) | (d) |

图 7-1　4 种基本的 Haar 矩形特征形式

由于旋转倾斜会影响人脸的脸部特征，Lienhart 等（2003）在 Viola 和 Jones（2003）的基础上扩展了 Haar 特征，如图 7-2 所示。

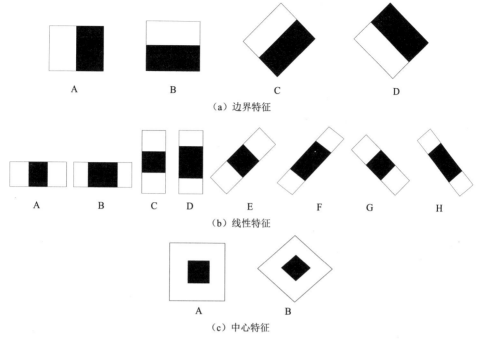

图 7-2　扩展的矩形特征

　　人脸特征值通过将这些矩形模板放置到人脸上计算而得到，即人脸的特征可以通过特征模板进行量化，进而鉴别是否是人脸。图 7-3 所示为 Haar 特征示例。由于特征模板可以放置在人脸图像中的任意位置，所以特征模板类别、模板大小以及模板位置等因素将影响特征值。

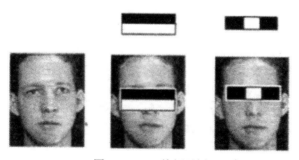

图 7-3　Haar 特征示例

7.1.2　积分图像

　　获得 Haar 特征后，接着需要快速计算矩形特征值。由于涉及的训练样本集数量巨大，矩形特征的数量庞大，不同特征值算法的训练速度和检测效率具有显著的差异性。为快速计算矩形特征，Viola 和 Jones（2003）借助积分图像（integral image）

计算特征值。积分图像用于描述全局信息，只需要遍历一次图像就可以迅速计算出图像区域的像素之和，从而节省了时间。如图 7-4 所示，位置 $I(x,y)$ 的积分图的值 $ii(x,y)$ 是指原图像上位置 $I(x,y)$ 左上角方向所有像素和的值。采用式（7-1）计算积分图像，即

$$ii(x, y) = \sum_{i=0}^{x} \sum_{j=0}^{y} I(i, j) \tag{7-1}$$

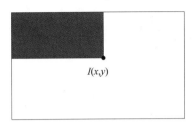

$$I(x,y)$$

图 7-4 积分图

积分图像的构造方法如下。

（1） $s(x, y)$ 表示行方向像素和的累加，$s(x, y)$ 的初值为 $s(x, -1)=0$。

（2） $ii(x, y)$ 表示 $I(x, y)$ 的积分图像，初值为 $ii(-1, y)=0$。

（3） 遍历全图，$I(x, y)$ 行的像素累加和 $s(x, y)$ 与积分图像值 $ii(x, y)$ 可通过递归式（7-2）和式（7-3）计算得到，即

$$s(x, y) = s(x, y-1) + I(x, y) \tag{7-2}$$

$$ii(x, y) = ii(x-1, y) + s(x, y) \tag{7-3}$$

（4） 当遍历图像的右下角像素完成后，积分图 ii 就构建完成了。如图 7-5 所示，像素的积分区域为 D 区域。

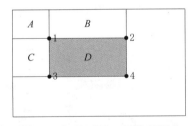

图 7-5 矩形区域 D 的像素积分

在图 7-5 中，位置 1 的积分图像值为 A 区域内所有像素的累加之和 ii_1，如式（7-4）所示：

$$ii_1 = \mathrm{sum}(A) \tag{7-4}$$

同理，位置 2 积分图的值如式（7-5）所示、位置 3 积分图的值如式（7-6）所示、位置 4 积分图的值如式（7-7）所示：

$$ii_2 = \mathrm{sum}(A) + \mathrm{sum}(B) \tag{7-5}$$

$$ii_3 = \mathrm{sum}(A) + \mathrm{sum}(C) \tag{7-6}$$

$$ii_4 = \mathrm{sum}(A) + \mathrm{sum}(B) + \mathrm{sum}(C) + \mathrm{sum}(D) \tag{7-7}$$

则区域 D 内像素和可由式（7-8）计算得出：

$$\mathrm{sum}(D) = ii_1 + ii_4 - (ii_2 + ii_3) \tag{7-8}$$

在图 7-5 中，特征原型 D 的 Haar 特征值的计算公式为

$$\mathrm{sum}(D) - \mathrm{sum}(B) \tag{7-9}$$

根据上述得到区域 B 内像素和为 $\mathrm{sum}(B)$，即

$$\mathrm{sum}(B) = ii_2 - ii_1 \tag{7-10}$$

从而得到的 Haar 特征值为 $\mathrm{sum}(D)$，即

$$\mathrm{sum}(D) - \mathrm{sum}(B) = ii_1 + ii_4 - (ii_2 + ii_3) - ii_2 - ii_1 = ii_4 - ii_3 + 2(ii_1 - ii_2) \tag{7-11}$$

通过以上计算过程可得出，Haar 特征值是由对应特征端点的积分图像决定的。积分图的计算所耗费的时间是常量且积分图的计算过程只涉及加减运算，因此 Haar 特征的计算可以加速，不用考虑特征的尺度问题和位置问题。

7.1.3 AdaBoost 算法

由于特征数比图像的像素个数多得多，尽管通过运用积分图像可以迅速计算出 Haar 特征，但计算所有的特征是非常耗时的。因此，必须选择能够分隔正负样本的最佳特征进行学习，来构造人脸检测器。该分类器应由 Haar 特征的线性组合构造而成。鉴于此，可选择能代表人脸的特征和用这些特征的线性组合训练成为一个强分类器的 AdaBoost（adaptive boosting，自适应增加）算法，AdaBoost 算法的基本模式如图 7-6 所示。

图 7-6 AdaBoost 的基本模式

AdaBoost 是一种通过迭代训练集得到多个弱分类器组合，再将这些弱分类器组合起来形成一个功能强大的强分类器的机器学习的方法，具体实现如下。

（1）样本描述用 X 表示，样本表示用 Y 表示，输入 $S = \{(x_i, y_i) | i = 1, 2, \cdots, n\}$, $x_i \in X$, $y_i \in Y$; $y_i \in (0,1)$，0 表示非人脸，1 表示人脸。

（2）将样本的权重初始化，其中，M 为非人脸总数，L 为人脸总数，则 i 个样本在第 t 次循环的误差权重为 $w_{t,i}$。$t = 0$ 时，人脸样本误差权重为 $w_{t,i} = 1/2L$，非人脸样本误差权重为 $w_{0,i} = 1/2M$。

（3）循环，其中 t 从 1 到 T 变化，即 For $t = 1$ to T，T 表示弱分类的数量。

（4）归一化权重，即

$$q_{t,i} = \frac{w_{t,i}}{\sum\limits_{j=1}^{n} w_{t,j}} \qquad (7\text{-}12)$$

（5）计算由 f 特征构成的弱分类器 $h(x, f, p, \theta)$，同时得到每个特征所对应的加权错误率 ε_f，即

$$\varepsilon_f = \sum_i q_i \left| h(x_i, f, p, \theta) - y_i \right| \qquad (7\text{-}13)$$

（6）根据步骤（5）计算出的错误率，选择最优的弱分类器，即

$$\varepsilon_t = \min_{f,p,\theta} \sum_i q_i \left| h(x_i, f, p, \theta) - y_i \right| = \sum_i q_i \left| h(x_i, f_t, p_t, \theta_t) - y_i \right| \qquad (7\text{-}14)$$

（7）重新设定的样本权重为

$$w_{t+1,i} = w_{t,i} \beta_t^{1-e_i} \qquad (7\text{-}15)$$

式中，$\beta_t = \varepsilon_t/(1-\varepsilon_t)$；$i = 1,2,\cdots,N$，共计 N 个样本；w 表示权重，经过 7 次循环后，得到 T 个弱分类器；e_i 表示样本 x_i 是否被分类器正确分类，$e_i = 0$，x_i 分类正确，$e_i = 1$，x_i 分类错误。

（8）经过对权值的叠加迭代得到 T 个弱分类器，再通过弱分类器得到强分类器，如式（7-16）。

$$C(x) = \begin{cases} 1, & \sum\limits_{t=1}^{T} a_t h_t \geqslant \dfrac{1}{2}\sum\limits_{t=1}^{T} a_t \\ 0, & \text{其他} \end{cases} \qquad (7\text{-}16)$$

式中，$a_t = 1/\beta_t$。

7.1.4　级联分类器

实际中，人脸检测问题是一个典型的非对称分类问题，一个强分类器一般不能保证人脸检测的准确性。为了提高分类器的分类性能，通常通过决策树的形式级联一系列单级的强分类器构成级联分类器（王燕和公维军，2011）。图 7-7 所示为分类器级联结构，由于在检测人脸的过程中，背景中绝大多数为非人脸样本，若某一级分类器检测到某检测区域是非人脸特征，则排除该区域。因此，经过前几级的检测非人脸区域大部分已经被排除，则目标人脸区域就是通过所有分类器

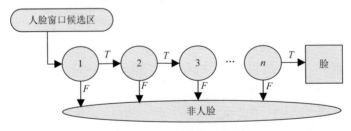

图 7-7　分类器的级联结构

的区域，这大大提高了检测的准确度。

单级分类器检测率较高，虚警率适中。若级联多个单级分类器，会使虚警率降到极低，同时仍有极高的检测率。设 K 为级联分类器的级数，h_k 和 f_k 分别为第 k 级分类器的检测率和虚警率，则级联分类器的检测率 H 和虚警率 F 可表示为

$$\begin{cases} H = \prod\limits_{k-1}^{K} h_k \\ F = \prod\limits_{k=1}^{K} f_k \end{cases} \tag{7-17}$$

训练级联结构的具体步骤如下。

（1）输入：正、负样本图像，分类器的级数 K。

（2）循环：为满足分类器的检测率 h_k 和虚警率 f_k，如果 $k=1$，则用所有正样本作为训练时的正面样本，抽取背景中指定数目的负样本；如果 $k>1$，则通过用已得到的第 $k-1$ 级级联分类器的"自举"得到正、负样本。

（3）输出：级联分类器。

7.1.5　AdaBoost 算法的人脸检测机制

AdaBoost 检测是一种利用逐步放大检测窗口多次遍历的多尺度检测方法。开始检测时需要通过检测窗口大小来设定样本大小，然后利用特定的尺度参数遍历整个图像，标记出人脸疑似区域。完成本次遍历后，利用已经设定的参数且按照一定比例放大的窗口执行下一次遍历。用逐步放大检测窗口遍历图像，直到检测窗口放大到超过图像的一半。多次应用逐步放大检测窗口会导致在不同的尺度和相邻的位置上多次检测到相同的人脸。因此，针对一张人脸，需要合并多次检测结果得到平均值。

7.2　ASM 主动形状模型

主动形状模型（active shape models，ASM）是针对目标形状的不确定性，利用统计学方法，通过训练样本轮廓的关键特征点构造表示几何特征的形状向量，并经过大量的形变最终得到能够灵活应用于目标形状模型的目标（Cootes et al.，1994）。同时还可以合理地更改目标形状模型，预防不合理形状的出现（Liu et al.，2007）。

7.2.1　构建形状向量

选择 N 张人脸样本集图片，如图 7-8 所示，在每一幅人脸样本图像中手动标记 k 个特征点，并记录其对应的坐标信息。这 k 个特征点坐标构成了如式（7-18）所示的形状向量，即

$$X_i = (x_{i0}, y_{i0}, x_{i1}, y_{i1}, \cdots, x_{im}, y_{im}, \cdots, x_{i(k-1)}, y_{i(k-1)})^T \tag{7-18}$$

式中，(x_{im}, y_{im}) 为第 i 张图像中第 m 个特征点对应的 x 坐标和 y 坐标。

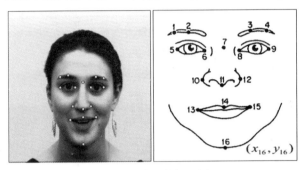

图 7-8　特征点标记图

7.2.2　建立形状模型

对人脸关键特征信息区域进行 ASM 训练并形成模型。为 ASM 训练建立人脸形状模型的过程如图 7-9 所示。

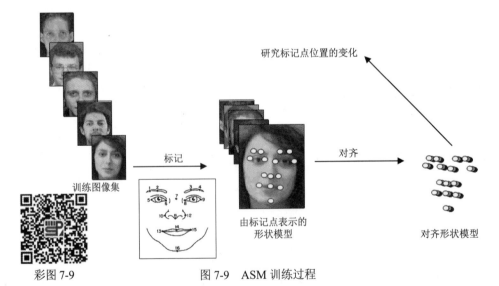

彩图 7-9　　　　　　　　　图 7-9　ASM 训练过程

形状向量受人脸图像集中人脸的姿态、角度及距离等因素的影响，使坐标比例尺寸各不相同，因此应对其进行适当的平移、旋转及缩放（Verma et al.，2003），使用 Procrustes 方法对形成的图像形状向量进行归一化处理，得到如图 7-10 所示的对齐同一个点的分布模型。尺度变换、旋转变换的几何变换表示为 $M(s, \theta)$，即

$$M(s, \theta) = \begin{bmatrix} a & -b \\ b & a \end{bmatrix} = \begin{bmatrix} s\cos\theta & -s\sin\theta \\ s\sin\theta & s\cos\theta \end{bmatrix} \tag{7-19}$$

式中，s 为变换尺度；θ 为旋转角度。

若选择 $\boldsymbol{X}_i$ 初始形状，则 $\boldsymbol{X}_j = (x_{j0}, y_{j0}, x_{j1}, y_{j1}, \cdots, x_{jm}, y_{jm}, \cdots, x_{j(k-1)}, y_{j(k-1)})$ 的几何变换就是每个点都进行变换，则 $\boldsymbol{X}_j$ 为

$$\boldsymbol{X}_j = \boldsymbol{M}(s_j, \theta_j) \begin{bmatrix} x_j \\ y_j \end{bmatrix} + t_j \qquad (7\text{-}20)$$

式中，s_j 为变换尺度；θ_j 为旋转角度；t_j 为位移长度。

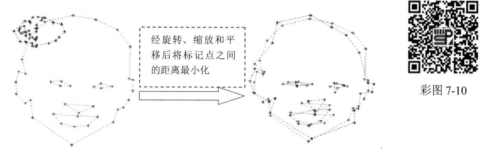

彩图 7-10

图 7-10　对齐点集

经过几何变换后，再进行 Procrustes 归一化。Procrustes 归一化流程如图 7-11 所示。

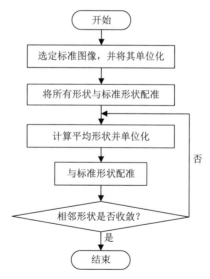

图 7-11　Procrustes 归一化流程框图

Procrustes 归一化过程是迭代的过程。将所有的形状向量归一化之后，通过 PCA 算法对归一化的所有形状向量进行分析和降维，构建成形状统计模型，具体步骤如下。

（1）计算 n 个样本形状向量 $\boldsymbol{a}_i\ (i=1,2,\cdots,n)$ 的平均形状向量 $\boldsymbol{a}$：

$$a = \frac{1}{n}\sum_{i=1}^{n} a_i \qquad (7\text{-}21)$$

（2）计算 n 个形状向量的协方差矩阵 S，即

$$S = \frac{1}{n}\sum_{i=1}^{n} (a_i - a)^{\mathrm{T}} (a_i - a) \qquad (7\text{-}22)$$

（3）计算协方差矩阵 S 的特征值 λ_i 和特征向量 P。λ_i 的大小表示样本在对应方向变化的比例。降序排列特征值得到 $\lambda_1, \lambda_2, \cdots, \lambda_p (\lambda_i > 0)$。取前 t 个特征向量 $P = (p_1, p_2, \cdots, p_t)$，特征值满足

$$\frac{\sum_{i=1}^{t} \lambda_i}{\sum_{s=1}^{q} \lambda_s} > f_v V_{\mathrm{T}} \qquad (7\text{-}23)$$

式中，f_v 为一个由特征向量确定的比例系数，一般取值为 95%；V_{T} 为特征值之和。则线性模型可描述用于训练的任何人脸形状向量，即

$$a_i = a + p_s b_s \qquad (7\text{-}24)$$

式中，b_s 为含有 t 个参数的向量。

$$b_s(i) = P^{\mathrm{T}}(a_i - a) \qquad (7\text{-}25)$$

对 b_s 进行限制可确保 b_s 的变化和训练集产生形状相似，需要满足

$$D_m{}^2 = \sum_{i=1}^{t} \frac{b_s(i)}{\lambda_i} \leqslant D_{\max}^2 \qquad (7\text{-}26)$$

通常 $D_{\max} = 3$，b_s 的值最好限制在 $\pm 3\sigma$ 范围内，人脸形状才可保持完好不会逐步恶化。

7.2.3　构建局部灰度模型

在迭代时，为特征点寻找新的定位位置需建立局部特征模型。通过统计分析以特征点为中心的局部窗口或者轮廓法线方向的纹理采样向量，可以得到 ASM 的局部特征量。图 7-12 所示为局部灰度模型的建立过程，构建局部特征的具体步骤如下。

（1）选取第 j 个训练图像的第 i 个特征点两侧的 m 像素，形成一个长度为 $2m+1$ 的向量。

（2）通过对向量中像素灰度值求导，得到对应的局部纹理 g_{ij}。同样，将此步骤用于训练集中其余图像，得到局部纹理 $g_{i1}, g_{i2}, \cdots, g_{in}$。

（3）求第 i 个特征点的平均值及方差，即

$$\overline{g_i} = \frac{1}{n}\sum_{j=1}^{n} g_{ij} \qquad (7\text{-}27)$$

$$S_i = \frac{1}{n}\sum_{j=1}^{n} (g_{ij} - \overline{g_i})^{\mathrm{T}} (g_{ij} - \overline{g_i}) \qquad (7\text{-}28)$$

（4）对训练集图像的其他特征点进行相同操作，得到所有局部特征。

（5）式（7-29）为马氏距离计算特征点的新特征与训练得到的局部特征的相似性，即

$$f_{\text{sim}} = (g - \overline{g_i})S_i^{-1}(g - \overline{g_i})^{\text{T}} \qquad (7\text{-}29)$$

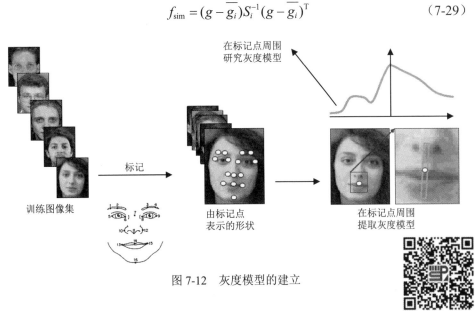

图 7-12　灰度模型的建立

彩图 7-12

7.2.4　ASM 模型的匹配

ASM 模型构建完成后，便可进行 ASM 搜索。首先对平均形状进行仿射变换得到初始模型，然后用该初始模型在未标记的图像中搜索人脸，使最终形状中的特征点与真正相应的特征点最接近。图 7-13 所示为形状和灰度信息在新图像中寻找形状模型的实例。

彩图 7-13

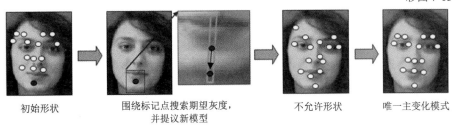

图 7-13　寻找形状模型的实例

仿射变换就是以平均形状中心为轴，逆时针方向旋转 θ ，缩放 S ，平移 X_c ，设 X 为初始模型，则

$$X = M(S, \theta)[a_i] + X_c \qquad (7\text{-}30)$$

本质上，ASM 搜索是一个反复迭代的过程。每一步的迭代过程都进行仿射变换，模型的形状和相对位置发生改变，从而使模型与测试图像轮廓完成匹配（Cootes et al., 1996）。

7.3　主成分分析法

模式识别理论中的主成分分析（PCA）法是最为常用的一种降维方法。其特征提取方面也有明显的效果，它的核心原理是通过 K-L 变换（Karhunen-Loeve transform）（边肇祺和张学工，2000；沈清和汤森，1991），将原始数据投影到低维空间，使得投影后的数据方差最大，让尽量多的图像信息被较少的数据维度所保留。由 PCA 原理可知，保留了原始向量协方差矩阵中若干最大特征值与次特征值所对应的特征向量，即称为主成分或主分量。

主成分分析（Jolliffe, 2004）能够广泛应用于人脸识别领域，得益于它有较好的降维和提取特征的能力（Turk et al., 1991）。PCA 的人脸识别方法（Li 和 Lu，1999；雷钦礼，2001）首先进行矩阵向量的转换操作，即将二维人脸图像矩阵转换成高维的列向量，每幅人脸图像就是一个高维列向量，多个高维列向量就形成一个维数很高的散度矩阵；其次通过 K-L 变换得到散度矩阵的特征向量，得到人脸图像的主要信息；然后选择尽可能保持原始人脸的几个最大特征值对应的特征向量构成低维特征子空间，也叫特征脸空间（秦攀，2014）；最后将测试图像投影到子空间，并计算它们之间的距离，最终得到某个人的脸类别（季洪新，2014）。

7.3.1　传统 PCA

主成分就是变化后方差最大的部分，是原始数据通过映射得到的变量，主成分间线性无关，计算得到的方差大小决定了主成分的排列顺序。若 λ_i 是主成分对应的一个特征值，则样本点在主成分方向上分布的离散程度由特征值 λ_i 决定。η_i 表示主成分 $\lambda_i (i = 1, 2, \cdots, p)$ 的贡献率：

$$\eta_i = \frac{\lambda_i}{\lambda_1 + \lambda_2 + \cdots + \lambda_p} \qquad (7\text{-}31)$$

主成分中方差较小的也是有用信息很少的，实际分析中去除这些信息，只保留大部分有用信息，从而实现降维。由于主成分间线性无关，因此一个判别分析平面可由任意个主成分构成，通常选取几个方差较大的主成分构成判别分析平面，实现高维空间到其他维的映射。

　　主成分分析是根据样本点的空间分布选取一个使方差最大化的坐标轴,将样本点投影到选取的坐标轴上,达到降维,同时大部分信息被保留。已知一组样本数据 $X_k(k=1,2,\cdots,N)$, $X_k \in \mathbf{R}^N$ 且满足 $\sum_{k=1}^{N} X_k = 0$, 则样本数据的协方差矩阵为

$$G = \frac{1}{N} \sum_{j=1}^{N} X_j X_j^{\mathrm{T}} \qquad (7\text{-}32)$$

　　协方差矩阵满足方程 $\lambda v = Gv$, 其中, λ 为特征值且 $\lambda \geqslant 0$, $v \in \mathbf{R}^N$ 为 λ 对应的特征向量。将协方差矩阵代入方程 $\lambda v = Gv$, 则有

$$\lambda v = Gv = \frac{1}{N} \sum_{j=1}^{N} (X_j v) X_j^{\mathrm{T}} \qquad (7\text{-}33)$$

　　由上可得特征值 $\lambda \neq 0$, 样本数据 X_k 包含所对应的特征向量 v。因此,式(7-33)等价于

$$\lambda(X_k v) = X_k Gv \qquad k = 1, 2, \cdots, N \qquad (7\text{-}34)$$

　　对协方差矩阵进行奇异值分解,得到 $\lambda v = Gv$。然后进行主成分分析,如 $\lambda(X_i v) = X_i Gv (i = 1, 2, \cdots, N)$,按递减顺序对特征值 λ 进行排序,选取前 $M(M < N)$ 个主元 $v_k(l \leqslant k \leqslant M)$ 作为低维子空间中的基向量构成变换矩阵 T, 则 $\mathbf{R}^N$ 空间中的一点 x 向 M 维空间的投影为 a, 即

$$a = (a_1, a_2, \cdots, a_M) = X^{\mathrm{T}} T \in \mathbf{R}^M \qquad (7\text{-}35)$$

X 的重构为 $X' = \sum_{i=1}^{M} a_i v_i$, 为使均方误差最小, M 维空间中 X' 是 X_k 的最佳近似向量。

7.3.2　二维 PCA

　　基于主成分分析运用于人脸识别方法是将二维矩阵转化为一维向量,这增大了协方差矩阵的维数,计算代价很高,易产生小样本问题。二维主成分分析(2DPCA)方法(Yang et al.,2004)基于二维矩阵对主成分分析进行了改进,协方差矩阵的规模比 PCA 显著减少,同时避免了奇异值问题(李艳,2014)。

　　二维主成分分析(Turk et al.,2002)方法直接计算二维图像的矩阵,通过二维图像矩阵得到协方差矩阵,并求其特征值和特征向量,得到二维图像投影的最优投影方向,最后将其投影。人脸识别中应用的 2DPCA 被分为特征提取和模式的分类(张秀琴等,2014)。

　　二维主成分分析通过图像矩阵得到训练样本图像的总体散布矩阵(协方差),并计算其特征值和特征向量。以双向的 2DPCA 算法(李文举等,2013)为例,具体算法如下。

　　设 $M \times N$ 的矩阵 A 为图像矩阵,通过 $Y = AX$ 的线性变换将 A 投影到 X 上,得到一个 M 维、被称为 A 的投影特征的列向量 Y。在训练样本中 X_{ij} 表示第 i 个人的

第 j 幅图像，则样本的平均值为

$$K = \frac{1}{I \times J} \sum_{i=1}^{I} \sum_{j=1}^{J} X_{ij} \tag{7-36}$$

式中，I 和 J 表示训练样本选取的类数和每类的图片数，则可得到样本的协方差矩阵 G，即

$$G = \frac{1}{I \times J} \sum_{i=1}^{I} \sum_{j=1}^{J} (X_{ij} - K)(X_{ij} - K)^{\mathrm{T}} \tag{7-37}$$

　　求 G 的特征向量，并选择前 d 个最大特征值对应的标准正交特征向量 $v_1, v_2, \cdots, v_d$，组成一个最优投影矩阵 $V = (v_1, v_2, \cdots, v_d)$，消除图像矩阵的行相关性。为消除图像矩阵的列相关性，可由样本的另一协方差矩阵 Z，按式（7-38）重新求得投影矩阵 U，即

$$Z = \frac{1}{I \times J} \sum_{i=1}^{I} \sum_{j=1}^{J} (X_{ij} - K)^{\mathrm{T}} (X_{ij} - K) \tag{7-38}$$

　　计算协方差矩阵 Z 的特征向量，并选择前 t 个最大特征值对应的标准正交特征向量 $u_1, u_2, \cdots, u_t$，组成另一个最优投影矩阵 $U = (u_1, u_2, \cdots, u_t)$，消除图像矩阵的列相关性，得到训练样本的特征矩阵，即

$$C_{ij} = U^{\mathrm{T}} X_{ij} V \tag{7-39}$$

　　将所得训练样本图像同时投影到最优投影矩阵 U 和 V 上，得到训练样本的特征矩阵 C_{ij}；同样选定一幅测试图像 A_1，将 A_1 投影到最优投影矩阵 U 和 V 上，得到其特征矩阵 C_1。

7.4　快速鲁棒特征

　　尺度不变特征变化（scale invariant feature transform，SIFT）是一种基于特征点提取的算法，在机器视觉领域应用较为成功。Bay 对 SIFT 进行了改进，提出了快速鲁棒特征（speeded up robust features，SURF）算法，SURF 算法目前被广泛应用于人脸刚性特征的人脸识别中。SURF 算法特征点检测的主要过程分为特征点的检测和特征点描述子的生成。SURF 算法通过积分图像完成图像卷积，然后使用 Hessian 矩阵检测特征值，进而生成特征点的描述子，最后进行图像匹配识别。SURF 算法的基本流程如图 7-14 所示。

图 7-14　SURF 算法基本流程框图

7.4.1 特征点检测

1. 积分图像

为了提高计算速度，在加速图像卷积中运用积分图像。积分图像 I_Σ 定义如式（7-40）所示，$I(x, y)$ 为图像 I 中某一像素点 p 的像素值，其中 x、y 表示像素点 p 的横、纵坐标值，Σ 表示点 p 和图像原点为对角顶点所组成的矩形图像区域，积分图像 I_Σ 为点 p 和图像原点为对角顶点所组成的矩形区域内所有像素的总和，即

$$I_\Sigma = \sum_{i=0}^{x} \sum_{j=0}^{y} I(i, j) \qquad (7\text{-}40)$$

在计算积分图像时，原始图像只需遍历一次，计算开销很小。图 7-15 所示积分图像为矩形区域的像素总和，点 A、B、C、D 为矩形区域的顶点，则该矩形窗口灰度值的和 $I_\Sigma = I_\Sigma A - I_\Sigma B - I_\Sigma C + I_\Sigma D$。

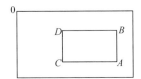

图 7-15　积分图像的矩形区域

2. 快速 Hessian 矩阵检测

采用 Hessian 矩阵（Dreuw et al.，2009）提取特征点，Hessian 矩阵如式（7-41）所示。

$$\boldsymbol{H} = \begin{bmatrix} L_{xx}(p,\sigma) & L_{xy}(p,\sigma) \\ L_{xy}(p,\sigma) & L_{yy}(p,\sigma) \end{bmatrix} \qquad (7\text{-}41)$$

式中，$L_{xx}(p,\sigma)$、$L_{xy}(p,\sigma)$、$L_{yy}(p,\sigma)$ 为高斯函数二阶偏导数和图像 I 与像素点 $p(x, y)$ 在尺度 σ 上的二维卷积。

其中，$L_{xx}(p,\sigma)$ 是高斯二阶偏微分 $\partial^2 g(s)/\partial x^2$ 在点 p 处与图像 I 的卷积，如式（7-42）所示。

$$L_{xx}(p,\sigma) = \sum_{x=-L/2}^{L/2} \sum_{y=L/2}^{L/2} \frac{\partial^2}{\partial x^2} g(\sigma) \times p(i-x, j-y) \qquad (7\text{-}42)$$

L 为模板尺寸，$g(\sigma)$ 为二维高斯核，其定义如式（7-43）所示。

同理，$L_{yy}(p,\sigma)$ 和 $L_{xy}(p,\sigma)$ 具有相似定义。对 $\partial^2 g(s)/\partial x^2$、$\partial^2 g(s)/\partial y^2$、$\partial^2 g(s)/\partial x \partial y$ 高斯二阶偏微分在 $\sigma = 1.2$ 时生成的 x、y、z 三维直角坐标图像进行拉伸处理得到如图 7-16 所示的二维投影图。

$$g(\sigma) = \frac{1}{2\pi\sigma^2} e^{-(x^2+y^2)/2\sigma^2} \qquad (7\text{-}43)$$

（a）x 方向　　　（b）y 方向　　　（c）xy 方向

图 7-16　高斯二阶偏微分图

　　在实际 SURF 算法计算中，为了提高计算速度需对高斯滤波器进行离散化。用方框滤波器近似二阶高斯滤波，如图 7-17 所示。图 7-18 所示为 9×9 方框滤波器模板。

（a）y 方向　　　　　　　　　　　　（b）xy 方向

图 7-17　二阶高斯滤波的近似模板

（a）y 方向　　　（b）x 方向　　　（c）xy 方向

图 7-18　9×9 的方框滤波器模板

　　可构造 Fast-Hessian 矩阵，如式（7-44）所示。

$$\boldsymbol{H}_{\text{approx}} = \begin{bmatrix} D_{xx}(p,\sigma) & D_{xy}(p,\sigma) \\ D_{xy}(p,\sigma) & D_{yy}(p,\sigma) \end{bmatrix} \qquad (7\text{-}44)$$

式中，D_{xx}、D_{xy}、D_{yy} 分别为方框滤波模板与图像 I 进行卷积运算后的值。

　　进而求得 Fast-Hessian 矩阵的行列式如式（7-45）所示。

$$\det(\boldsymbol{H}_{\text{approx}}) = D_{xx}D_{yy} - (\omega D_{xy})^2 \qquad (7\text{-}45)$$

式中，ω 取 0.9，用来平衡高斯核与近似高斯核间的能量差异。

　　3. 尺度空间的构造

　　为了在不同尺度上寻找极值点，SURF 算法通过在原图像上扩大方框滤波器尺寸以形成不同尺度的图像尺度空间，即图像金字塔。由于使用了积分图像和方框滤波，在 SURF 算法中不需要通过迭代重复计算，节省了时间。在图像金字塔中，尺度空间的第一层为近似模板与原图像的卷积，通过依次改变滤波模板的尺寸与原始图像做卷积而获得接下来的尺度空间的层次。SURF 算法将尺度空间划分为若干组，每个组包括同一个输入图像经过逐渐放大的不同滤波模板滤波得到的响应图像。尺度空间的构成如图 7-19 所示，x 轴表示空间的尺度，y 轴表示把尺度空间划分成的组数。

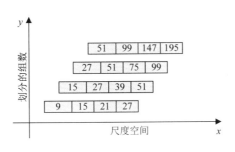

图 7-19　尺度空间的构成

4. 特征点的精确定位

根据 Fast-Hessian 矩阵求出处于某尺度图像关键点处的极值，首先在 $3\times3\times3$ 的立体邻域内进行非极大值抑制（non-maximum suppression，NMS），即与上下相邻尺度和本尺度相邻的 26 个邻域值相比，得到候选特征点。然后在尺度空间与图像空间进行插值运算，通过亚像素定位得到候选特征点所在的尺度空间值和特征点位置。

7.4.2　生成特征描述子

1. 主方向确定

确定特征点的主方向，使得特征点的描述子具有旋转不变的特性。首先选取每一个特征点为圆心，$6s$（s 为特征点在空间的尺度值）为半径的邻域，此邻域中的点在 x、y 方向上分别计算 Haar 小波变换，如图 7-20 所示。黑色部分与白色部分的权重分别是-1 和 1，并将不同的高斯权重系数赋给响应值，越靠近特征点响应的贡献就越大。然后将 60° 范围内的 x 方向和 y 方向上的 Haar 小波响应进行累加，形成一个新的局部矢量，遍历所选的整个圆形区域。最后确定特征点的主方

（a）水平方向滤波器　　　（b）垂直方向滤波器

图 7-20　描述子的 Haar 小波滤波器

向是最长矢量方向。

2. 描述子的生成

特征点的主方向确定后，首先以特征点为中心，将坐标轴旋转到主方向上；然后按主方向构造正方形区域，该区域的长为 20s，并将该区域划分为 4×4 个子区域，在每个区域中计算 5s×5s 范围内的 x 方向和 y 方向的 Haar 小波响应 d_x 和 d_y，同时对响应值用高斯窗口函数（σ=3.3s）赋予权重系数，增强对定位误差的鲁棒性，并得到一个四维矢量：

$$v = \left(\sum d_x, \sum d_y, \sum |d_x|, \sum |d_y| \right) \tag{7-46}$$

这样，对每一特征点形成了维数为 4×(4×4)=64 的 SURF 描述向量。最后，为了减少光照的影响，需要对所生成的向量进行归一化处理，得到最终的特征描述子（陈立潮等，2015），如图 7-21 所示。

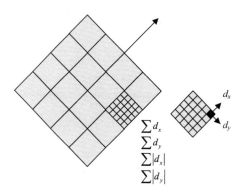

图 7-21　特征描述子的构成

第 8 章　基于 ASM 的人脸检测与跟踪

人脸检测是对每一帧视频流或人脸图片中的人脸面部特征进行的准稠密集估计。不同的人脸面部表情使人脸特征点之间的相对距离呈现多样性。煤矿考勤中的人脸检测受矿工脸部污染、光线暗、安全帽遮挡等因素的影响，使得矿井下的人脸实时检测相比一般环境下的人脸检测有显著区别。人脸跟踪是指人脸识别系统在人脸检测的基础上对人脸做进一步的确认。本章通过验证和改进一般环境下的人脸检测与跟踪算法，研究适用于煤矿环境的矿井工作人员的人脸检测算法和人脸跟踪算法。

本章使用网络媒体公开的煤矿井下工作人员人脸图像作为训练样本进行训练，图 8-1 所示为训练样本集中部分煤矿井下人脸样本的图片。

图 8-1　部分训练样本集

8.1　基于 Haar 的人脸检测

基于 Haar 的级联分类人脸检测算法具有检测速度快、运行稳定的特点，并可通过 OpenCV 实现实时人脸检测，所以一般环境下检测人脸可用该算法。基于 Haar 人脸检测器利用了人脸的结构特点，如人脸上嘴巴所在的区域比脸颊所在的区域更暗，眼睛所在区域比前额和脸颊所在区域更暗等。

8.1.1　Haar 的人脸检测

基于 Haar 的人脸检测通过运用积分图像快速计算人脸中 Haar 矩形特征的特征值，用得到的最佳特征进行机器学习构造弱人脸检测分类器，再通过 AdaBoost 的迭代训练集得到多个弱分类器，将这些弱分类器组合起来形成一个功能强大的强分类器，最后级联得到强分类器。级联分类检测器至少需要 1000 幅不同的人脸图像和 10 000 个非人脸图像作为训练集，训练这些图像集找到人脸存储的 XML（extensible markup language，可扩展标记语言）文件，然后通过加载级联分类器的 XML 文件可检测到人脸。人脸的检测覆盖图像中所有可能大小的人脸和每个可能存在的人脸位置。

人脸检测首先加载 Haar 人脸检测器，通过 OpenCV 的 CascadeClassifier 类加载已训练好的 XML 文件。执行代码为

```
CascadeClassifier faceDetector;
faceDetector.load(faceCascadeFilename);
```

其次，访问摄像机，通过摄像机编号或视频文件名调用 OpenCV 的 VideoCapture 方法获取摄像头或读取视频文件；也可以访问需检测的图像。在没有检测之前需要对人脸图像进行预处理，具体步骤如下。

（1）灰度转换。由于该人脸检测算法只能用于灰度图像，预处理时需将摄像机中的彩色人脸图像转变为灰度人脸图像。

（2）收缩图像。输入人脸图像的大小决定人脸检测的速度。由于检测针对图像中所有可能的位置，且此算法在低分辨率下的检测也相对可靠。所以，应将摄像机图像缩小到一个合理的尺寸，即设置检测器的 minFeatureSize 值。

（3）直方图均衡化。由于人脸检测器在光线不足时检测并不可靠，预处理时需对直方图进行均衡化以改善对比度和亮度。

最后，用已加载的检测器检测摄像机或视频流中每帧的人脸。由于预处理中对图像进行了缩小处理，得到人脸检测的结果也是缩小的，因此需要放大结果到人脸原始图像中的区域。

8.1.2　实验结果与分析

在 VS2010 配置 OpenCV 的环境下分别对来自煤矿井下不同人员的人脸图像受井下煤尘污染前后进行了检测实验，图 8-2 给出了对 a、b、c 这 3 名矿工下矿井前与出矿井后的人脸检测结果图。

实验结果 a（1）、b（1）、c（1）表明矿工下井前即在一般环境中，此算法可很好地检测出人脸。但在矿工出井后，也是受煤矿井下煤尘的污染后，检测的结果不稳定，如 b（2）可以正确检测到人脸；而 b（3）则检测到错误的人脸位置；

其至无法检测到正确的人脸位置，如 a（2）和 a（3）。所以在一般环境下基于 Haar 的人脸检测算法有很好的性能，但当人脸受煤矿煤尘污染后，那便在正常光照下都无法准确检测到人脸，煤矿井下非正常光照就更无法检测到人脸。因此，为适用煤矿井下环境，本章选用基于主动形状模型 ASM 的算法进行了人脸检测。

图 8-2　a、b、c 3 名矿工的人脸检测图

8.2　基于 ASM 的人脸检测

主动形状模型 ASM 的算法可用于检测特征位置，检测完全由数据驱动。依赖人脸部几何轮廓和脸部特征的外观模型，该依赖性是由人脸样本集中人脸间的相对位置决定的。样本集的大小影响算法鲁棒性，样本集越大，算法鲁棒性越强，可以更清楚地表现人脸的变化范围。

8.2.1　数据收集

数据收集即提取人脸部的特征点，通常脸部特征点越多，鲁棒性越好，但脸部特征点数的增多也使计算的代价呈线性增长。本章选择 76 个标记特征点，计算量适中，同时鲁棒性也较高，人脸特征点数及分布如表 8-1 所示。

表 8-1　特征点分布

脸部轮廓	嘴巴	鼻子	眉毛	眼睛
15	19	12	12	18

在人脸训练样本中标注脸部特征点的相对位置，图 8-3 所示为标记后的人脸图像，标出脸部特征点即完成了人脸脸部特征的定位。

图 8-3　部分已标记的人脸图像

样本集的大小影响算法鲁棒性，样本集越大，算法鲁棒性越强。在同等数量样本的基础上，为了使训练集大小增加一倍，定义了镜像训练集。它是将对称的面部特征点保留一个编号，即沿 y 轴对称化数据。可以对镜像训练集进行对称性索引。图 8-4 所示为镜像图像的相应标注，最后形成 annotations.yaml 文件。

图 8-4　标注的镜像图像

8.2.2　形状模型

人脸图像的脸部几何参数化由全局变换参数和局部形变参数构成。全局变换考虑人脸可以出现在图像的任何位置即人脸在整体图像中的位置，包括图像中人脸大小的变化、图像平面内脸部的旋转。局部形变考虑人脸部表情变化的差异，结构化脸部特征的形状限制了局部变形。全局变换是针对任意类型对象在二维坐标下的变换，而局部变形是可用于从训练集中学习的具体对象。

1. Procrustes 分析

人脸形状模型的建立，首先在原始标注数据中调整全局变换的部分。通常在二维空间建立几何模型时，全局变换用相似变换表示，图 8-5 所示的过程称为 Procrustes 分析，其变换包括平移、旋转、缩放。

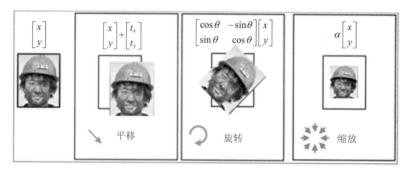

图 8-5　Procrustes 分析过程

Procrustes 分析是求一个标准形状和相似变换的过程，使相似变换后的形状与标准形状对齐。其对齐程度本章用最小平方距离来度量。式（8-1）为相似变换后的形状与标准形状间的最小二乘，即

$$\min_{a,b} \sum_{i=1}^{n} \left\| \begin{bmatrix} a & -b \\ b & a \end{bmatrix} \begin{bmatrix} x_i \\ y_i \end{bmatrix} - \begin{bmatrix} c_x \\ c_y \end{bmatrix} \right\|^2 \rightarrow \begin{bmatrix} a \\ b \end{bmatrix} = \frac{1}{\sum_{i=1}^{n}(x_i^2 + y_i^2)} \sum_{i=1}^{n} \begin{bmatrix} x_i c_x + y_i c_y \\ x_i c_y + y_i c_x \end{bmatrix} \quad (8\text{-}1)$$

最小二乘的闭解在式（8-1）的右边。平面内图像伸缩与旋转的矩阵具有非线性相关性，只需求解变量 a、b。式（8-2）是 a 与 b 伸缩、旋转的矩阵关系，即

$$\begin{bmatrix} a & -b \\ b & a \end{bmatrix} = \begin{bmatrix} k\cos\theta & -k\sin\theta \\ k\sin\theta & k\cos\theta \end{bmatrix} \quad (8\text{-}2)$$

图 8-6 是原始标注的形状经过 Procrustes 分析的效果。其中，一种颜色表示一个面部特征。归一化变换后，平面特征的周围聚集面部特征，结构变得明显。在完成伸缩和旋转变换后，同一特征更加紧凑地聚集，面部变化很容易由特征分布反映出来。Procrustes 分析也是对原始数据的预处理，有助于得到较好的参与训练的局部形状模型。

2. 线性形状模型

通过脸部几何的线性表示可得到用少量参数表示不同人和不同表情脸形的脸

部线性形状模型。线性形状模型表示局部形变，图 8-7 所示为脸部线性形状模型。$2N$ 维空间的一个点被看作一幅人脸图像，图像由 N 个脸部特征构成。线性模型的目标是构造一个低维超平面嵌入所有人脸的点，由整个 $2N$ 维空间的一个子集即子空间生成这个超平面，低维子空间表示简洁的人脸。子空间的维数要满足生成所有人脸空间，但维数过多会使生成的空间中出现非线性的点。

彩图 8-6

（a）没有对齐的形状

（b）平移对齐

（c）Procrustes对齐

图 8-6　Procrustes 分析效果

彩图 8-7

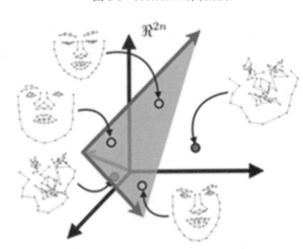

图 8-7　脸部线性形状模型

应用主成分分析方法查找最佳低维子空间。用奇异值求解特征向量。子空间的维数由特征值占所有特征值的比例来确定。减掉均值后用 Procrustes 对齐脸形的投影局部形变数据的分量来得到每列变量 dy，将主要变化方向的方差从大到小进行排序，即将求得的特征值从大到小进行排序，也就是对不同方向的能量由多到少进行排序。所以，只需要前 k 个变化方向的能量就可得到子空间维数。图 8-8 所示为特征值与特征向量的关系，从图中可以看出部分特征向量能完全表示整个空间，其中 x 轴为特征向量的编号，y 轴为特征值的大小。

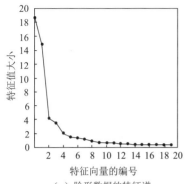
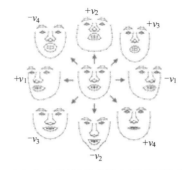

彩图 8-8

（a）脸形数据的特征谱　　　　　　（b）前4个特征向量分别对应的不同模式

图 8-8　特征值与特征向量的关系

3. 局部-全局的组合

通过全局变换和局部形变组合得到图像帧的形状。将全局变换看作一个线性子空间，并将这个线性子空间加到局部形变子空间中。对于一个固定的人脸形状，可用子空间来表示相似变换，式（8-3）为具体表示。

$$\begin{bmatrix} a & -b \\ b & a \end{bmatrix}\begin{bmatrix} x_1 \\ y_1 \end{bmatrix}+\begin{bmatrix} t_x \\ t_y \end{bmatrix} \\ \vdots \\ \begin{bmatrix} a & -b \\ b & a \end{bmatrix}\begin{bmatrix} x_n \\ y_n \end{bmatrix}+\begin{bmatrix} t_x \\ t_y \end{bmatrix} = \begin{bmatrix} x_1 & -y_1 & 1 & 0 \\ y_1 & x_1 & 0 & 1 \\ \vdots & \vdots & \vdots & \vdots \\ x_n & -y_n & 1 & 0 \\ y_n & x_n & 0 & 1 \end{bmatrix}\begin{bmatrix} a \\ b \\ t_x \\ t_y \end{bmatrix} \tag{8-3}$$

用 Procrustes 对齐后得到的标准形状是该子空间表示的形状。构成子空间后要归一化矩阵的每列。在学习局部形变模型之前，由于已经从数据中删除全局变换引起的变化方向，所产生的形变子空间会与全局变换子空间正交。因此，通过拼接两个子空间得到脸形的局部-全局表示，并将这两个子空间作为所组合子空间矩阵的次空间，这种模型计算出形状参数的函数为

$$P=V.t()*s \tag{8-4}$$

式中，s 为一个向量化的人脸；V 为矢量 s 在 P 空间下的坐标 R 投影；$V.t()$ 为矩阵转置；P 为用人脸子空间表示脸形的坐标。

线性模型化脸形通过约束子空间坐标使生成的形状有效。图 8-9 中，在某个固定变化的方向上依次对子空间表示的人脸增加坐标的值：增量越小得到的形状越完整，越像人脸；增量越大，得到的形状已不再是人脸形状。

为了防止这种变形后形状的恶化，使其在所决定区间范围限制子空间坐标。通常选择 ±3 倍的数据标准偏差占数据变化部分的 99.7%。

彩图 8-9

| 0 | 4σ | 8σ | 12σ | 16σ |

图 8-9   不同增量的子空间

4. 训练生成形状模型

通过将标记信息参数 annotations.yaml 传递到形状模型的训练函数,将每个样本的标注和相应镜像的训练人脸数据加载到内存,具体调用如下:

```
shape_model smodel;
smodel.train(points,data.connection,frac,kmax);
```

函数执行结果如图 8-10 所示,通过训练函数训练输出的形状模型参数在 shape_model.yaml 文件中,并得到图 8-11 所示的每个方向上的局部形变。

彩图 8-11

图 8-10   函数执行结果

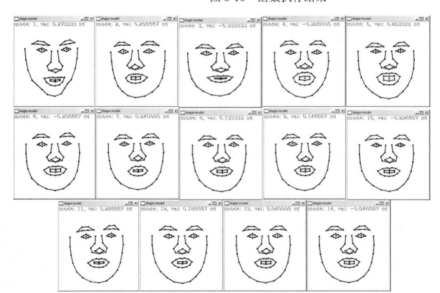

图 8-11   每个方向的形状模型

生成参数从零开始,先向正向端点移动,再向负向端点移动,最后回到零点的，每次变化 0.02，每阶段变化 50 次。图 8-12 所示同一阶段不同时刻的形状模型，该轨迹用于展现人脸模型。

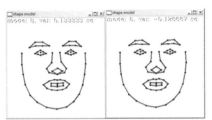

彩图 8-12

图 8-12　不同时刻的形状模型

8.2.3　人脸的检测

在人脸检测的过程中，视频流中帧之间的人脸变化较小，使用 OpenCV 内置的级联检测器搜索人脸的方法需初始化视频序列中的第一帧模型，通过输入一幅图像可粗略估计出图像中面部特征的位置。

加载级联检测器 haarcascade_frontalface_default.xml、标注数据 annotations.yaml 和形状模型 shapemodel.yaml，将训练数据集均值中心化后的平均值作为参考形状，用下面函数训练人脸检测器，训练得到检测器 detectormodel.yaml 文件：

```
face_detector detector;
detector.train(data,argv[1],ref,mirror,true,frac);
```

再通过加载训练好的检测器 detectormodel.yaml 进行人脸检测。

8.2.4　实验结果与分析

本实验在 VS2010 中配置 OpenCV 的环境下，分别对正常光照下未进入矿井的井下人员、正常光照下已经出矿井脸部被煤尘污染的井下人员、非正常光照矿井下脸部被煤尘污染的静态井下人员和正在工作的动态井下人员进行人脸检测。得到不同的检测结果，图 8-13（a）所示为正常光照下未进入矿井的井下人员的人脸检测结果；图 8-13（b）所示为正常光照下出矿井后的人脸检测结果；图 8-13（c）所示为井下非正常光照静态的人脸检测结果；图 8-13（d）所示为井下矿工工作视频中不同帧的人脸检测结果。

（a）正常光照下未进入矿井的井下人员的人脸检测结果

图 8-13　不同情况下的检测结果

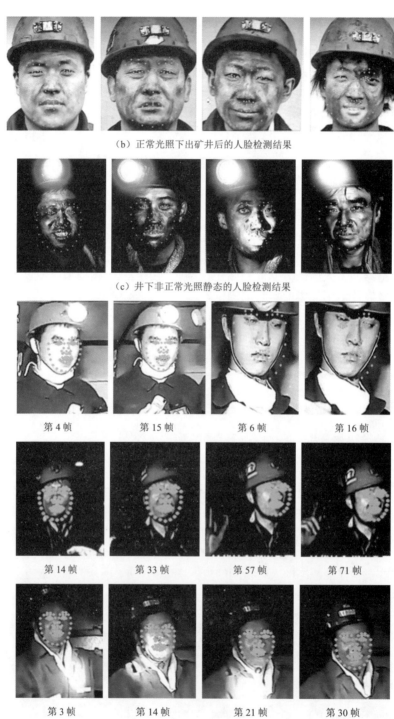

（b）正常光照下出矿井后的人脸检测结果

（c）井下非正常光照静态的人脸检测结果

第 4 帧　　　　　第 15 帧　　　　　第 6 帧　　　　　第 16 帧

第 14 帧　　　　　第 33 帧　　　　　第 57 帧　　　　　第 71 帧

第 3 帧　　　　　第 14 帧　　　　　第 21 帧　　　　　第 30 帧

（d）井下矿工工作视频中不同帧的人脸检测结果

图 8-13（续）

通过对比图 8-13（a）和图 8-13（b）可知，此算法在正常光照下不论是正常人脸还是受煤尘污染的人脸都能很好地检测出来。通过对比图 8-13（b）和图 8-13（c）可知，此算法不论是正常光照还是几乎无光照，脸部被煤尘污染过的矿工脸都可以被检测到。通过对比图 8-13（c）和图 8-13（d）可知，在井下不论是静态的脸部被煤尘污染过的矿工脸还是动态的脸部被煤尘污染过或没被煤尘污染过的矿工脸都可以被检测到。因此，基于主动形状模型的 ASM 算法较适用于煤矿考勤中的人脸检测。

8.3　基于 ASM 的人脸跟踪

人脸跟踪即人脸识别系统在人脸检测的基础上对人脸做进一步确认，是通过脸部特征的单独检测与特征点的几何依赖性的结合，对视频帧中的脸部位置进行高效和鲁棒性强的精确估计。因此，人脸跟踪中几何依赖性是非常必要的。图 8-14所示为用几何约束和不用几何约束得到的脸部特征图。由图可知，使用空间脸部特征的依赖性能得到更好的效果。

非依赖性　　　　　　　　依赖性

图 8-14　脸部特征检测

结果中过多的噪声影响了两种方法的相对性能，其根本原因在于每个面部特征的响应矩阵最大时并不总是在正确的位置。所以，应利用脸部特征之间的几何关系解决特征检测器因噪声、光照、表情等带来的问题。将特征检测结果投影到线性形状的子空间，也是最小化原始点与位于子空间中的合理形状之间距离的方法，可有效地将脸部几何依赖性加到跟踪过程里。因此，使特征检测的空间噪声接近高斯分布会得到投影最优解。

8.3.1　局部块模型

用图像块表示方法来建立线性图像块模型。下面讨论块模型及其训练过程，具有相关性的块将被用来学习成为模型。

1. 相关块模型

1）学习基于判别法的块模型

判别块模型的学习目标是为了构造这样的图像块，当图像块与含有面部特征的图像区域交叉相关时，对特征区域有一个强响应，而其他部分响应很弱。该模型可表示为

$$\min_{P} \sum_{i=1}^{N} \sum_{x,y} \left[\boldsymbol{R}(x,y) - PI_i \left(x - \frac{w}{2} : x + \frac{w}{2}, y - \frac{h}{2} : y + \frac{h}{2} \right) \right]^2 \qquad (8\text{-}5)$$

式中，P 为块模型；I_i 为第 i 个训练图像，$I_i(a{:}b,c{:}d)$ 为一个矩形区域，它的左上角位置和右下角位置分别是 (a,c) 和 (b,d)，$\boldsymbol{R}$ 为理想的响应矩阵。

式（8-5）所示目标函数的解就是一个块模型，此模型得到一个响应矩阵，该矩阵通常在最小二乘的度量标准下最靠近理想响应矩阵。对理想响应矩阵 $\boldsymbol{R}$ 的一个常见选择（假定脸部特征集中在训练图像块的中心），通常会用衰减函数来刻画 $\boldsymbol{R}$，该函数从重心开始，随着距离的增加，函数值会迅速变小。二维高斯分布可用于充当这种函数，也相当于假定标注误差服从高斯分布。上述过程可用图 8-15 来描述，图 8-15 所示为人脸左眼角外部。

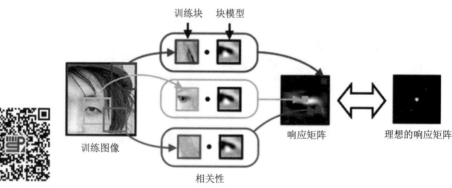

彩图 8-15　　　　　　　　　　　图 8-15　人脸左眼角外部理想的响应矩阵

式（8-5）所示的目标函数通常称为线性最小二乘，它拥有一个闭解，该方法的变量数和块中像素一样多，求解最优块模型的计算代价太大。解决该问题的有效替代方法是将其看成线性方程，将目标函数图像想象成由块模型变量构成的高低起伏的地形，用随机梯度下降法来求解。对于这种情形，随机梯度下降通过迭代对梯度方向进行粗略估计，并用一个小的步长乘以该方向的反方向作为下一步迭代的方向。在此仅需从训练集中随机选择一幅图像，将该图像代入目标函数的梯度公式，由此计算所得的结果就是所需的近似梯度。式（8-6）为目标函数的梯度，即

$$D = -\sum_{x,y}(\boldsymbol{R}(x,y) - PW)W; \quad W = I\left(x - \frac{w}{2} : x + \frac{w}{2}, y - \frac{h}{2} : y + \frac{h}{2}\right) \quad (8\text{-}6)$$

由于图像需要被集中到目标脸部特征上，响应矩阵对所有样本都一样。定义步长的衰减率，在经过多次迭代后，步长的值会接近零，计算随机梯度方向并用其更新块模型。在学习过程中还需注意以下两点。

（1）将训练的彩色图像先转换为单位通道，图像像素强度通过采用自然对数得到式（8-7），即

$$I = \ln(I + 1.0) \quad (8\text{-}7)$$

由于零的自然对数没有意义，所以在每个像素值上都加 1 再使用自然对数。对图像进行对数尺度化的预处理，使得处理后图像的对比度差异和光照条件变化更具鲁棒性。图 8-16 为人脸图像中原始图面部区域有不一样的对比度，而经过对数尺度化处理后两幅图像对比度基本没有差异。

　　　　　　（a）原始图像　　　　　　　　　　　　　　（b）对数尺度化后的图像

图 8-16　对数尺度化图像

（2）为了防止解变得太大，更新等式将从更新方向减去一个较小的值，通过学习块模型来检测可以得到更好的效果。

2）生成块模型

生成块模型的结果是平均块。通过获得一个图像块，并使其逼近所有样本的脸部特征。通过该模型的目标函数，采用最小二乘标准去量度这种逼近，得到的解为所有特征中心化的训练图像块的平均值，目标函数为

$$\min_P \sum_{i=1}^{N} \|P - I_i\|_F^2 \quad (8\text{-}8)$$

图 8-17 分别描述了用交叉相关平均化与相关块模型得到一幅图像的响应矩阵的差别，并显示平均块模型和相关模型。归一化像素值的范围后，两种块模型有一些相似之处，但生成的响应矩阵却有不同的性质。在特征位置周围，平均块模型生成的响应矩阵变化不明显，相当光滑；而相关块模型生成的响应矩阵有非常明显的变化。

平均块模型不区分未对齐数据，不能很好地用于面部特征局部化，在改变后的图像块中找不到与原图像对齐的图像块。从模型的外观来看，相关块模型大多

为灰色，是将差异大的值放在有显著变化的脸部特征周围后得到的，对应归一化前像素范围为 0 的像素。只保留训练块有用的部分，可以区分未对齐的结构。

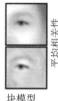

眼角区域　　　响应矩阵　　块模型　　　　　　下巴区域　　　响应矩阵　　块模型

图 8-17　平均相关性

2. 全局几何变换

训练图像虽然对全局尺度和旋转进行了归一化，对面部特征进行了中心化，但在实际测试跟踪过程中，人脸图像可能随时出现尺度变化或旋转变换。因此，考虑训练和测试条件之间的差异，在一定范围内通过尺度变换和旋转来扰动训练图像，在系统运行期间可能出现这些被扰动的图像。相关块模型在对尺度变换和旋转进行较小扰动的情况下会表现出一定的鲁棒性。简单的相关块模型检测器不能生成好的响应矩阵，需在学习相关块模型时选择一个参考帧来实现这一过程。在视频流中，连续帧间有相对较小的变化，可利用前一帧对人脸估计的全局变换，对当前帧的图像尺度变换和旋转进行归一化处理，存储每个脸部特征的相关块及训练时获得的参考帧。

3. 训练过程

加载标注数据文件 annotations.yaml 到内存并删除不完备样本，然后开始训练，加载已得到的形状模型 shapemodel.yaml，计算选择的参考形状，用以下函数进行训练，形成 patchmodel.yaml 文件。

```
Patch_models pmodel;
Pmodel.train(data,r,Size(psize,psize),Size(ssize,
ssize));
```

彩图 8-18

其中，r 为参考模型，psize 和 ssize 的最佳值与应用有关，这里都取 11，得到如图 8-18 所示的不同块位置的复合块图像。

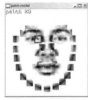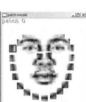

图 8-18　复合块图像

训练时间由脸部特征、块大小以及优化算法中随机样本的数量决定。图 8-19 所示为 3 个复合块图像，它们来自各种块模型空间，虽然使用相同的训练数据，但由于块模型所在的空间不同，会使其结构差异很大。

41×41像素　　　　　　21×21像素　　　　　　11×11像素

图 8-19　3 个不同的复合块图像

8.3.2　人脸跟踪实现

利用形状模型、检测器和块模型进行人脸跟踪。在跟踪模式中将检测模式检测到的脸部位置作为初始化位置，对下一幅图像的脸部特征位置进行初始估计。多层次拟合过程是跟踪算法的核心，该拟合算法会被多次调用，每次使用不同尺寸的窗口搜索，并将上次得到的跟踪点作为第二次的输入，多层次拟合的代码如下：

```
for(int level=0;level<int(p.ssize.size());level++)
points=this->fit(gray,points,p.ssize[level],p.robust,p.itol,
p.ftol);
```

把脸部几何依赖加到跟踪过程,将特征检测结果投影到线性形状的子空间中,代码如下：

```
smodel.calc_params(peaks);
pts=smodel.calc_shape();
```

跟踪系统在检测脸部特征位置可得到总异常点数，因此拟合程序是具有鲁棒性的模型而不是简单的投影过程。在实际应用中，缩小搜索区域能有效减少异常点。由于总的点数远大于被投影形状上的异常点，当搜索窗口的尺寸不断减小时，经常不需要统计总的异常点数，而且这些异常点还可能在下一次拟合过程的迭代搜索区域之外。

1. 人脸跟踪器的训练

人脸跟踪的训练不涉及学习过程，通过加载形成的形状模型 shapemodel.yaml 文件、形成的检测器 detectormodel.yaml 文件和形成的块模型 patchmodel.yaml 文件进行人脸跟踪器 facetracker.yaml 文件的训练。代码如下：

```
face_tracker tracker:
```

```
tracker.smodel=load_ft<shape_model>(argv[1]);
tracker.pmodel=load_ft<patch_models>(argv[2]);
tracker.detector=load_ft<face_detector>(argv[3]);
save_ft<face_tracker>(arvg[4],tracker);
```

代码中 argv[1]、argv[2] 和 argv[3] 分别为形状模型 shapemodel.yaml 文件的存放路径、检测器 detectormodel.yaml 文件的存放路径、块模型 patchmodel.yaml 文件的存放路径，argv[4]为训练形成的跟踪器 facetracker.yaml 文件的存放路径。

2. 通用与专用人脸模型

跟踪质量虽然可以通过改变训练过程和跟踪过程中的一些变量来优化，但决定性因素为跟踪器对形状变化和外观变化的适应能力。因此，实际应用中使用人脸模型。人脸模型分为通用人脸模型和专用人脸模型。通用人脸模型是通过使用来自不同身份人脸及其变化的标注数据进行训练得到的模型，这些人脸中有表情的差异、光照条件的不同等。专用人脸模型是针对某个具体的人进行训练得到的模型，专用人脸模型考虑的变化情形极少。因此，在人脸跟踪过程中，与通用人脸模型部分相比，专用人脸模型有更高的准确度。通用人脸模型获取一些简单表情都很困难，而专用人脸模型能够获取复杂的表情和头部姿态的变化，因而可以更好地进行跟踪。

8.3.3　实验结果与分析

实验在 VS2010 环境中配置 OpenCV，通过加载 facetracker.yaml 文件，分别对未下井正常光照的矿工脸部没有被污染的人脸视频流、出井后正常光照但脸部已污染的人脸视频流、下井后非正常光照下矿工没开始工作且脸部无污染的人脸视频流和下井后非正常光照下矿工开始工作后且脸部有污染的人脸视频流分别进行跟踪，得到如图 8-20 所示的不同跟踪结果。通过结果可以看出本章算法能很好地进行井下人脸识别系统中的人脸跟踪。

所以针对煤矿复杂环境，基于主动形状模型 ASM 的人脸跟踪算法才能适用于煤矿环境下矿井人员的人脸跟踪。

 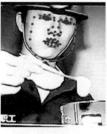 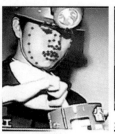 

　　第 1 帧　　　　　　第 12 帧　　　　　　第 37 帧　　　　　　第 52 帧

图 8-20　跟踪结果

第 5 帧　　　　第 23 帧　　　　第 35 帧　　　　第 68 帧

（a）未下井的人脸跟踪图

第 21 帧　　　　第 45 帧　　　　第 73 帧　　　　第 102 帧

（b）出井后的人脸跟踪图

第 15 帧　　　　第 32 帧　　　　第 55 帧　　　　第 74 帧

（c）下井后未开始工作的人脸跟踪图

第 4 帧　　　　第 15 帧　　　　第 21 帧　　　　第 27 帧

（d）下井后工作时人脸跟踪图

图 8-20（续）

第 9 章　基于 Shearlet 变换的差异性特征提取

9.1　问题概述

　　煤矿生产环境存在煤尘、粉尘、声音等各种噪声的干扰（Li 和 Guo，2009），特征提取难度较大。整体特征提取方法往往不能很好地提取受干扰的图像信息，而单纯的局部特征提取方法又容易忽略对识别具有重要作用的整体轮廓信息。本章采用一种结合整体特征提取与局部特征提取优势的融合特征提取方法，针对煤矿井下特殊环境中的矿工人脸进行特征提取研究。

　　人脸识别可分为图像预处理、人脸检测、特征提取和分类识别 4 个过程，其中特征提取是人脸识别过程的关键环节。简言之，特征提取是从检测出的人脸图像中提取出可以区分不同个体差异性的特征。这就要求这些特征对于同一个体是稳定的，而对于不同个体又是具有鉴别性的。适当的人脸特征提取方法不仅能够增强人脸识别系统的抗干扰能力，而且决定了整个人脸识别系统的实时性。近年来，基于变换域的多尺度几何分析局部特征提取方法进步显著。其中，运用人脸图像与不同尺度、方向的 Gabor 变换进行人脸特征提取的方法较为成熟。Gabor 变换具有良好的方向选择能力和局部化能力，但易造成维数灾问题。随后的 Contourlet 变换虽然比 Gabor 变换具有更多的方向信息，但在其变换过程中使用了拉普拉斯金字塔滤波器，在分解过程中需要进行下采样计算，因此结果并没有平移不变性。Guo 和 Labate 等（2008）提出的 Shearlet（剪切波）变换具有最优非线性逼近性能和多分辨分析特性，而且在方向变换上没有数目的限制，具有良好的时频局部特性，对图像数据具有更强的稀疏表示能力。

　　基于以上分析，本章在深入研究变换域人脸特征提取的基础上，针对矿井下收集的人脸图像易受煤尘干扰且一般局部化方法对噪声比较敏感的问题，给出一种基于 Shearlet 变换的煤矿井下图像差异性特征提取方法：首先进行 Shearlet 变换；然后利用实部特征对同一尺度不同方向的特征子图进行编码融合降低特征维数；接着利用信息熵理论为各尺度子图赋予不同权值并进行融合，得到差异性特征图；最后利用 Shearlet 逆变换对包含图像主要能量与少量噪声的低频子图和经融合后的高频子图进行重构得到去干扰图像。

9.2 人脸特征类型及评价指标

原始人脸图像维数非常高，能达到上万维，识别率和分类时间必定会因高维信息而备受影响，因此，需要在分类识别之前对原始图像信息进行有效提取。同时，要求这些特征对于同一个体是稳定的，对于不同个体又是具有鉴别性的。本节针对不同的特征类型对人脸识别中的特征提取方法及评价值指标进行介绍（金益和姜真杰，2014）。

9.2.1 人脸特征类型

1. 几何特征

人脸的几何特征主要是指人脸的五官及人脸五官之间形成的几何关系信息，这些信息可作为识别人脸的重要特征信息。在早期的人脸识别阶段，此方法因实现简单、特征维数低、运行速度快等优点得到了一定的应用，但由于面部几何信息尤其是五官特征之间的结构信息极易受外部光照、配准、遮挡等因素的干扰，因此，适应性较差且特征提取精度较小，目前常作为其余方法的补充或和其余方法相结合使用。

2. 形状、纹理特征

人脸轮廓和五官中包含了许多不同的人脸特征信息，这些信息使人类很容易用肉眼就可以区分不同的个体，且这些表示特征对外部光照、配准、遮挡等因素的影响不敏感，具有较高的鲁棒性，但会丢失许多人脸图像的内部固有信息；人脸面部纹理信息是由于灰度值不同形成的明暗信息，对于肉眼而言，这些深浅相间的纹理信息可用来区分不同的人脸。目前，针对形状和纹理特征的优缺点，常将人脸面部形状与纹理信息相结合构造高差异性的人脸特征信息。

3. 全局统计特征

人脸的全局统计特征是运用相关矩来表示人脸的，如自相关函数、协相关函数、概率密度函数和分布函数等，这种表示方法对外界的影响因素具有较高的鲁棒性。但是这种方法会降低影响最终分类的类间散度距离，因此判别性较差，且对于图像的特征空间维数较敏感。当人脸图像的维数较高时，计算复杂度随之提升，给后续的研究带来许多计算上的不便。

4. 代数特征

人脸图像的代数特征是指反映人脸图像空间分布的固有属性。在人脸特征提取过程中将人脸图像看作一个整体特征域，其中最关键的步骤是如何提取具有鉴别性的特征。目前，对于提取具有鉴别性特征的经典方法主要有基于主成分分析（PCA）方法和基于 Fisher 准则的线性判别分析（linear discriminant analysis，LDA）方法。其中，PCA 方法属于无监督判别法，LDA 方法属于监督判别方法。此后对于这两种方法学者们提出了许多改进方法，最具有代表性的是基于核特征的非线性监督鉴别方法，其可以获得人脸图像高维信息中的内部非线性图像特征信息，是特征提取方法中的一个里程碑。

5. 变换域特征

由于原始空间的人脸信息极易受外界因素的影响，因此，许多人脸特征信息的提取都是提取人脸图像的变换域特征来代替原始特征。其基本思想首先是将人脸图像变换到某一变换域，再在此变换域中进行人脸特征信息的提取。它将图像的空域转换到变换域空间，进而提取图像的内部信息，消除了一些外部因素的影响，并常常与一些代数特征相结合，达到良好的识别效果。常用的变换方法主要包括基于全局频域变换方法和基于局部频域变换方法两种。全局频域变换方法是将变换后的频域系数表示为图像特征，局部频域变换方法中运用人脸图像与不同尺度、方向的 Gabor 变换卷积进行人脸特征提取的方法较为成熟，此外还有 Contourlet 变换和 Shearlet 变换等。

总之，上述五大特征对于人脸识别的效果各有利弊，应针对不同的实际问题，考虑运用不同的特征提取方法。

9.2.2　评价指标

从人脸识别过程最根本的目的出发，判断哪种特征是人脸识别过程中高效的、高判别性的、有利的特征，是人脸识别过程中必须要面临的问题。当所提取的特征具有以下一种或几种特点时，可认为该特征提取方法是可取的。

（1）此方法提取的人脸特征是否较全面详细地表示了人脸图像。例如，本节运用的特征提取方法是否既能详细描述人脸的局部信息，又能很好地描述人脸的整体轮廓信息。如果可以，则认为此种特征提取方法是可取的。

（2）此方法提取的人脸特征是否既能很好地表示人脸内部包含的信息，又能很好地屏蔽外部信息，如光照、表情变化、噪声、事物遮挡等。如果可以，则认为此种特征提取方法是可取的。

（3）此方法提取的人脸特征是否能使人脸图像的类内散度距离最小且类间散

度距离最大，从而更好地区分不同的类。如果可以，则认为此种特征提取办法是可取的。

（4）此方法提取的人脸特征是否维数尽可能小，计算复杂度是否尽可能低，从而降低整个人脸识别过程的计算复杂度。如果可以，则认为此种特征提取方法是可取的。

目前，现有的人脸特征提取方法还不能全面兼顾以上所有指标，一般某种特征提取方法只能在一种或者 2、3 种指标上效果良好，因此，这也是学者们不断研究、学习为找到一种高效的人脸特征提取方法而不断努力的动力所在。

9.3　Shearlet 变换

9.3.1　连续 Shearlet 变换

根据小波理论衍生的 Shearlet 变换，是一种新的多维函数稀疏表示的多尺度几何分析工具。在二维情况（$n=2$）下，具有合成膨胀的仿射系统定义为

$$\Psi_{AB}(\psi) = \{\psi_{j,k,l}(x) = |\det A|^{j/2}\,\psi(B^l A^j x - k): j,l \in \mathbf{Z}, k \in \mathbf{Z}^2\} \quad (9\text{-}1)$$

式中，$\psi \in L^2(\mathbf{R}^2)$；$A$、$B$ 为可逆矩阵，且 $|\det B| = 1$。若 $\Psi_{AB}(\psi)$ 满足 Parseval 框架（紧框架），即任意的 $f \in L^2(\mathbf{R}^2)$ 都满足

$$\sum_{j,k,l} |\langle f, \psi_{j,k,l}\rangle|^2 = \|f\|^2 \quad (9\text{-}2)$$

则 $\Psi_{AB}(\psi)$ 称为合成小波。对角矩阵 A^j 在合成仿射系统中决定变换尺度关系，矩阵 B^l 在合成仿射系统中决定几何变换关系。合成小波可以和小波变换一样构造 Parseval 框架，并且在尺度、方向和位置上变化，Shearlet 变换即是合成小波的一个特例。各向异性膨胀矩阵 A 与 Shearlet 变换的尺度相关，剪切矩阵 B 与 Shearlet 变换的方向相关。若给定函数 $f \in L^2(\mathbf{R}^2)$，则连续 Shearlet 变换定义为

$$\mathrm{SH}_\psi f(j,k,l) = \langle f, \psi_{j,k,l}\rangle \quad (9\text{-}3)$$

式中，j 为尺度参数；k 为剪切参数；l 为平移参数。

9.3.2　离散 Shearlet 变换

离散的 Shearlet 变换有时域变换法和频域变换法两类（本章利用频域变换法）。若给定函数 $f \in L^2(\mathbf{R}^2)$，由式（9-4）可计算 Shearlet 变换，即

$$\langle f, \psi_{j,l,k}^{(d)}\rangle = 2^{\frac{3}{2}j} \int_{\mathbf{R}^2} \hat{f}(\xi)\,\overline{V(2^{-2j}\xi)W_{j,l}^{(d)}(\xi)}\,\mathrm{e}^{-2\pi i \xi A_d^{-j} B_d^{-lk}}\,\mathrm{d}\xi \quad (9\text{-}4)$$

式中，有以下两个重要的步骤。

（1）$g(\xi) = \hat{f}(\xi)\overline{V(2^{-2j}\xi)}$，目的是将图像分解为不同尺度的图像，称为尺度

分解。

（2）$g(\xi) = \overline{W_{j,l}^{(d)}(\xi)}$，目的是对高频部分的图像进行方向分解，称为方向剖析。

若 $f \in L^2(\mathbf{Z}_N^2)$ 表示离散图像，频域方法下的 Shearlet 变换主要有以下 4 个重要步骤。

（1）在尺度 j 下的低通成分 f_a^{j-1} 分解成低通部分 f_a^j 和高通部分 f_b^j，对于尺度 j 下的低通成分有 $f_a^{j-1} \in L^2(\mathbf{Z}_{N_{j-1}}^2)$，则 $f_a^j \in L^2(\mathbf{Z}_{N_j}^2)$、$f_b^j \in L^2(\mathbf{Z}_{N_j}^2)$，其中 $N_j = N_{j-1}/4$。

（2）对 f_b^j 的傅里叶变换 $\hat{f}_b^j$ 进行伪极向格映射，可得到矩阵 $\boldsymbol{P}\hat{f}_b^j$。

（3）对矩阵 $\boldsymbol{P}\hat{f}_b^j$ 进行方向分解，即利用方向滤波的方式得到各个方向的频率成分。

（4）将各个方向频率成分映射到笛卡儿坐标系下，并作傅里叶逆变换，可得到 Shearlet 系数。图 9-1 所示为 2 尺度离散 Shearlet 变换。

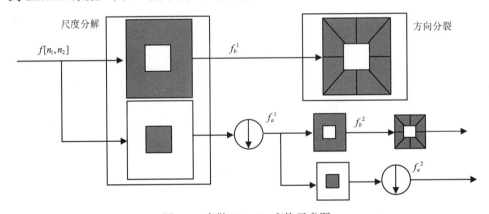

图 9-1　离散 Shearlet 变换示意图

9.4　融合多尺度 Shearlet 变换的人脸特征提取

与传统多尺度变换方法相比，Shearlet 变换的方向分解更灵活多变。比如，进行二尺度四方向的 Shearlet 变换，变换后的特征维数将是原始图像的 8 倍，通常情况下，会选择更多尺度方向的 Shearlet 变换，而高维数特征会对后续识别等工作造成很大的时间与空间上的压力。Shearlet 变换的方向滤波器组是由一维实系数或复系数的子滤波器组组成的，这里运用实部编码融合和信息熵理论降低特征维数。根据 Yi 等（2009）在 ORL、YALE 及 FERET 人脸库上的实验结果分析可知，在 2 尺度 8 方向下的人脸纹理特征描述能力最强，当采用 1～4 层组合提取特征向量时，由于其包含了图像更多的纹理信息，且冗余信息相对较少，得到的识别率较高。因此，这里选择 4 尺度 8 方向的 Shearlet 变换。

首先，利用 Shearlet 变换得到 4 尺度 8 方向的分解子图，然后对各子图中图像像素点进行编码，即

$$P_{u,v}(z) = \begin{cases} 1, & \mathrm{Re}(S_{u,v}(z)) > 0 \\ 0, & \mathrm{Re}(S_{u,v}(z)) \leqslant 0 \end{cases} \tag{9-5}$$

图像中各个像素点 $z = (x, y)$ 所对应的多尺度多方向的 Shearlet 特征表示为 $S_{u,v}(z)$，$v \in \mathbf{R}^+$ 表示尺度，$u \in \mathbf{R}^+$ 表示方向。$\mathrm{Re}(S_{u,v}(z))$ 表示像素点 $z = (x, y)$ 的实部，将由式（9-5）计算出的各尺度下多方向的二进制编码转换为十进制，即

$$T_v(z) = \sum_{u=0}^{u-1} P_{u,v}(z) \times 2^u \tag{9-6}$$

式中，$T_v(z) \in [0, 2^u - 1]$，局部特征不同，所求的编码值也不同。

其次，利用实部编码方法对每个尺度各个方向的 Shearlet 特征进行编码融合，从而保留各尺度与各方向下的特征信息。图 9-2 是对某一矿工的人脸图像进行 4 尺度 8 方向的 Shearlet 变换，并依据此编码方法在 4 个高频尺度下的融合结果。

（a）原始图像　　　（b）尺度为 1　　　（c）尺度为 2　　　（d）尺度为 3　　　（e）尺度为 4

图 9-2　4 个尺度的融合结果

由图 9-2 可知，尺度越高，越是集中于人脸的一些关键信息。如何构建这些特征子图，最关键的就是如何提取各个子图的关键信息。

再次，为充分利用各尺度信息，根据不同尺度的系数特点，结合不同尺度子图对图像特征的贡献度，更好地提取差异性图像特征，这里根据信息熵理论采用一种加权策略。将信息论中的信息熵理论运用到特征融合中，计算各子图的贡献率为

$$H(X) = -\sum_{i=1}^{n} p_{x_i} \log p_{x_i} \tag{9-7}$$

式中，X 为值域为 $\{x_1, \cdots, x_n\}$ 的信号源。那么第 k 个子带的熵表示为

$$E_k = -\sum_{i=0}^{n-1} p_k^i \log p_k^i \tag{9-8}$$

式中，p_k^i 为第 k 个子带在第 i 级像素点中出现的概率；n 为像素级数。

可通过计算不同尺度子带对于测试图像的贡献率，并通过熵比值来计算各子带的权值，即

$$W_k = \frac{E_k}{\sum_{k=0}^{m-1} E_k} \tag{9-9}$$

最后，对包含图像主要能量与少量噪声的低频子图和经融合后的高频子图进行 Shearlet 逆变换重构图像（王丹和周锦程，2010），此图像是具有抗干扰的差别性图像。

9.5　实验结果与分析

为了验证本章算法的有效性，采用多名矿工入井前面部没有污染与出井后面部带有污染的人脸图像进行实验。目前常用的图像抗干扰性评价标准分为两种：一种是主观评价标准，即根据人眼视觉系统对局部对比度比较敏感的特点，利用人眼观察处理后的图像效果，但这种方式受主观因素影响较大，评价结果不够公正客观；另一种是客观评价标准，包括对图像定量描述的峰值信噪比（PSNR）、处理后图像与标准图像的均方误差（MSE）、结构相似度（SSIM）、图片信息熵（IE）等来评价图像处理结果。

本实验中首先把图像延扩成大小为 512×512 像素的图像，以便做 Shearlet 变换。这里选取（a）、（b）、（c）、（d）这 4 名矿工入井前与出井后的人脸图像进行实验，如图 9-3 和图 9-4 所示。图 9-3 和图 9-4 的第（1）行是 4 名矿工大小为 512×512 像素的原始灰度图像，第（2）行是带有干扰噪声的图像，第（3）行是经过本章算法处理过后的图像。

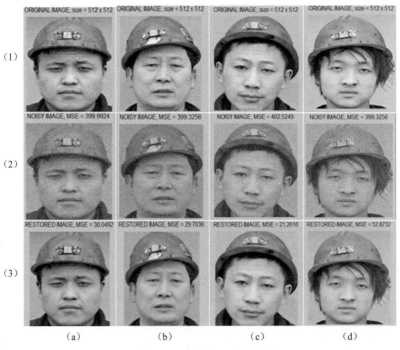

图 9-3　入井前矿工人脸图像

图 9-4　出井后矿工人脸图像

9.5.1　主观评价

如图 9-3 和图 9-4 所示，纵向对比同一矿工不同阶段图像：两图中的第（3）行重建图像与第（2）行含噪声图像相比很好地去除了干扰点，与第（1）行原始图像相比两图都能很好地保留矿工脸部的纹理信息和轮廓信息，同时从图 9-4 中可明显地看出，与原始图像相比重建图像在保留图像关键信息的同时削弱了脸部煤尘的影响。横向对比不同矿工同一阶段图像：当原始人脸图像越清晰、面部遮挡比例越小时，重建图像效果越理想，如矿工（c）重建效果相对较好。

对比图 9-3 与图 9-4 的同一矿工可知，由于脸部受到煤尘的遮挡，干扰系数增加，工作后受到污染的人脸图像清晰度与工作前没有受到污染的人脸图像相比较为模糊，但整体上抗干扰效果都能符合人眼视觉标准。

9.5.2　客观评价

为了更客观地评价本章算法的处理效果，这里选用对图像定量描述的 PSNR 和处理后图像与标准图像的 MSE 进行评价。入井前与出井后各矿工人脸图像指标统计如表 9-1 和表 9-2 所示。其中，处理前对应各矿工的含噪声图像，处理后对应重建图像。

表 9-1　入井前各图像处理结果

图像	PSNR		MSE	
	处理前	处理后	处理前	处理后
图像（a）	22.1102	33.3525	399.9924	30.0492
图像（b）	22.1175	33.4027	399.3256	29.7036
图像（c）	22.0829	34.8548	402.5249	21.2616
图像（d）	22.1175	30.8984	399.3256	52.8732

表 9-2　出井后各图像处理结果

图像	PSNR		MSE	
	处理前	处理后	处理前	处理后
图像（a）	22.0965	31.1409	401.2600	50.0025
图像（b）	22.1182	30.1083	399.2632	63.4229
图像（c）	22.1288	32.9426	398.2901	33.0233
图像（d）	22.1084	28.9645	400.1648	82.5343

由表 9-1 可知,经本章算法处理后,4 幅图像的峰值信噪比分别提高了 50.84%、51.02%、57.84%、39.68%,平均提高了 49.85%。对于均方误差,由于处理前人为添加了噪声,因此均方误差值较高,而经处理后均方误差有较大幅度的降低。由于每名矿工的人脸图像的纹理信息与轮廓信息都不尽相同,处理后的效果也各不相同,因此,峰值信噪比的提升百分比及均方误差的降低程度也各不相同。

由表 9-2 可知,经本章算法处理后,4 幅图像的峰值信噪比分别提高了 40.93%、36.12%、48.87%、31.01%,平均提高了 39.23%。处理后均方误差也有大幅度降低。

对比表 9-1 与表 9-2 可知,由于矿井工作的特殊性,出井后各矿工的脸部图像均受到煤尘的严重污染。因此,表 9-2 中指标的平均提高水平不如表 9-1,但经过本章算法的处理,两种情形下的人脸图像抗干扰效果依然得到了提升,重建图像效果良好。

第 10 章　基于稀疏描述的人脸分类识别

10.1　稀疏描述与人脸识别

近年来，稀疏描述方法的提出与发展为计算机视觉与模式识别领域提供了一种新的技术手段。采用稀疏描述思想及其优化算法进行人脸识别成为此方向的研究热点。基于稀疏描述的人脸识别算法与常规降维方法有明显区别。常规降维方法仅利用全体训练样本产生一个最优描述，然后将所有测试样本投影到此最优"轴"上，显然这种方法对测试样本并不一定是最优的；而稀疏描述方法是用"当前"测试样本与全体训练样本产生一个最优描述，是充分考虑了测试样本的一种描述方法。但稀疏描述方法也存在一些缺点：首先，稀疏描述方法在求解稀疏非零系数时存在 L_0 范数的优化问题，是一个 NP 难问题，即使可以近似转换为 L_1 范数的优化问题，此方法仍需要进行迭代计算，高时间复杂度是稀疏描述走向应用的最大障碍；其次，稀疏描述人脸识别需要有足够数量的训练样本来包含人脸的各种变化，但现实情况下难以达到这个要求。因此，若直接利用图像的全局特征进行稀疏描述，很难保证因为光照和局部遮挡等因素造成的负面影响。

对图像进行向量化后进行稀疏描述的方法易生成高维向量导致"维数灾"问题，针对此问题有两种解决办法：一是建立二阶甚至高阶张量的更优稀疏表示模型；二是将稀疏表示与多尺度结合构建多尺度稀疏表示模型（高仕博等，2015）。为高效运用更多的人脸特征，宜采用第二种解决方法。与 Gabor 变换、Contourlet 变换等为代表的多尺度几何分析方法相比，Shearlet 变换具有在方向变换上没有数目的限制、对图像数据具有更强的稀疏表示能力的优势，因此，这里利用 Shearlet 变换构建多尺度稀疏模型。目前，对 Shearlet 特征的融合多是在特征层和决策层。例如，Zhou 等（2013）先对图像进行分块，最终在决策层进行融合；张鸿杰等（2014）将 Shearlet 特征在特征层进行融合。但这些融合方法仍有改进的空间：首先，决策层的融合不能发掘更多的特征信息；其次，特征层的融合平等对待所有特征，忽视了不同特征对分类有不同的影响。匹配得分融合方法相比于以上两种融合方法有较优的鉴别性能：与决策层相比只对表示类别的整数进行融合，匹配得分融合是以实数形式的匹配得分进行融合，因此融合了更多的信息；与特征层融合相比它首先独立对待将要融合的各特征，在得到其各自的识别结果之后再进行融合，更好地运用了各特征。

基于以上分析，为进一步提高人脸识别性能，给出一种差异性 Shearlet 特征的快速稀疏描述的人脸识别方法。首先对图像采用 Shearlet 变换得到多尺度多方向的人脸特征，利用匹配得分融合策略对各个尺度下 Shearlet 特征的幅值和相位编码进行融合，构成具有差异性的特征；进而用得到的融合特征构造针对每个测试样本的"最佳"稀疏字典，并计算相关系数；最后，依据某类在描述测试样本中所做的贡献大小，实现对测试样本的分类识别。

人脸识别的主要评价指标有以下 3 个。

1. 识别率

作为一项实用的人脸识别算法，从实际应用考虑，最首要的评价指标为正确识别率。其计算公式为

$$c = \frac{n}{N} \tag{10-1}$$

式中，n 为得到正确分类的测试样本数；N 为所有参与测试的测试样本总数。相应地，也可求得人脸错误识别率为 $1-c$。当然，识别率的高低也与所运用的人脸库有密切关系，因此，对不同算法运用同一人脸数据库进行比较更具有可比性。

2. 识别速度

由于人脸识别算法最终是要运用到实际情况中，只有高识别率并不能完全满足实际需求，还需要有可接受的识别速度，因此，识别速度的快慢也是评价人脸识别算法的性能指标。

识别速度可分为两种：一种是针对静态图像的人脸识别，这种情况要求识别算法可达到每秒处理 20 万个左右的人脸图像；另一种是针对实时需要的动态人脸识别，如安防门禁系统、智能视频监控系统等，这种情况要求了解整个人脸识别过程，即从人脸检测到最终的人脸分类识别所用的时间在 2s 左右（王映辉，2010）。

3. 拒识率

如果是在有拒识功能的人脸辨识系统中，拒识率也是一个性能评价指标。其计算公式为

$$r = \frac{n_r}{N} \tag{10-2}$$

式中，n_r 为被拒识别的测试样本总数；N 为所有参与测试的测试样本总数。当前商用的人脸识别系统一般要求拒识率小于 1%。

10.2　稀疏描述人脸识别算法

10.2.1　问题描述

　　稀疏描述是压缩感知理论的核心内容之一，在许多应用领域，压缩感知理论突破了原有的 Nyquist 采样定理。Nyquist 采样定理认为，如果要完全恢复一个信号的信息，则至少需要 2 倍原信号的带宽频率对原信号进行均匀采样。然而在实际情况中，由于传输带宽等的限制很难达到Nyquist采样定理所需要的条件，压缩感知理论则指出可以用低于 Nyquist 采样定理的采样频率恢复原始信号，如图 10-1 所示。

（a）原始图像　　　　　　　　（b）经压缩解压后的图像

图 10-1　原始图像及其经压缩解压后的图像

　　图 10-1（a）所示为至少有 100 万个像素的原始灰度图像；图 10-1（b）所示为采用小波变换并用非零小波系数中最大的 25 000 个系数进行重建的图像。两幅图像的灰度值都在 0～255，人眼很难区分两幅图像的不同，如果用 96 000 个系数进行重建，则几乎可以完全恢复出原始图像。

　　图 10-2 分别给出了基于稀疏描述的分类算法针对遮挡与像素腐蚀的分类示意图（徐勇等，2014）。

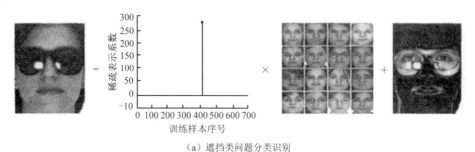

（a）遮挡类问题分类识别

图 10-2　稀疏表示用于遮挡和像素腐蚀的人脸图像识别

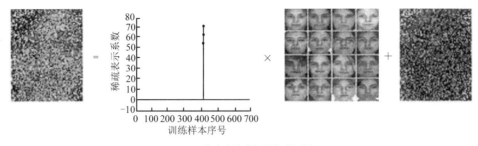

（b）像素腐蚀类问题分类识别

图 10-2（续）

图 10-2（a）所示为遮挡类问题分类识别示意图，图 10-2（b）所示为像素腐蚀类问题分类识别示意图。最左边的图像都是由中间所有训练图像的线性组合与最右边的由于遮挡或者腐蚀导致的残差图像生成的。其中，二维图像的最大系数所对应的类别为最终所测试图像属于的类别。SRC 从标准 AR 人脸库中对 100 个人、每人 7 幅图像，包括不同角度、不同光照、不同姿态、不同遮挡等因素共 700 幅图像进行实验，其中有遮挡问题的图像占总数的 46.16%，最终确定了正确的类别（图 10-2 中位于第三列的图像），可见稀疏描述方法可以对遮挡与腐蚀问题进行分类识别。

基于稀疏表示的人脸识别算法需假定一个给定的测试样本，可以由全部训练样本的稀疏线性组合来近似表示，它是将信号表示成少数原子的线性组合过程，即通过训练图像构成的字典来表示测试图像。对于和测试样本来自同一类训练样本的系数不为零的概率很大，而与测试样本来自不同类的训练样本系数为零或接近于零，并寻求在此字典下的最稀疏表示，其本质是一种信号重构的过程。

首先，假设共有 C 个类别的图像，矩阵 $X_i = [y_{i1}, y_{i2}, \cdots, y_{iM_i}] \in \mathbf{R}^{N \times M_i}$ 表示第 i 类训练样本，其中 M_i 是第 i 类训练样本的个数，$X = [X_1, X_2, \cdots, X_C] \in \mathbf{R}^{N \times M}$ 表示所有的训练样本，其中 $M = \sum\limits_{i=1}^{C} M_i$。假设 y 表示一个测试样本，则可用所有的训练样本线性表示此测试样本，即 $y = AX$，且矩阵 A 的系数越稀疏，越容易表示出测试样本 y 的类别，其中稀疏系数的求解为

$$A_0^* = \mathrm{argmin} \parallel A \parallel_0 \qquad (10\text{-}3)$$

式中，$\parallel \parallel_0$ 表示 L_0 范数，即一个向量中非零元的个数，然而 L_0 范数的优化问题是一个 NP 难问题，是极其费时的。

研究表明，在系数足够稀疏时，L_0 范数的优化问题可转化为 L_1 范数的优化问题，即

$$A_1^* = \mathrm{argmin} \parallel A \parallel_1 \qquad (10\text{-}4)$$

式（10-4）可通过标准的线性规划法进行计算，求得稀疏解后，即可根据类别重建误差进行稀疏表示分类。例如，对于第 i 类，$\delta_i(A)$ 为对应于第 i 类的非零系数构成的向量，对应第 i 类重建测试样本表示为

$$y_i^* = \delta_i(A_1^*)X \qquad (10\text{-}5)$$

类别误差表示为

$$d_i(y) = \| y - y_i^* \|_2 = \| y - \delta_i(A_1^*)X \|_2 \qquad (10\text{-}6)$$

如果

$$k_g(y) = \min_i d_i(y) \qquad (10\text{-}7)$$

那么稀疏描述分类算法就把 y 分到第 g 类。

稀疏描述人脸识别算法步骤如下。

（1）输入共 C 类训练样本矩阵：$X = [X_1, X_2, \cdots, X_C] \in \mathbf{R}^{N \times M}$，测试样本 $y \in \mathbf{R}^N$，误差阈值 $\varepsilon > 0$。

（2）把训练样本 X 中的向量规范成基于 L_1 范数的单位向量。

（3）计算 L_1 范数的最小化问题，即求 $A_1^* = \mathrm{argmin} \| A \|_1$，满足 $AX = y$ 或者求 $A_1^* = \mathrm{argmin} \| A \|_1$，满足 $\| AX - y \|_2 \leqslant \varepsilon$。

（4）计算重建误差 $d_i(y) = \| y - y_i^* \|_2 = \| y - \delta_i(A_1^*)X \|_2$，$i = 1, 2, \cdots, C$。

（5）求得测试样本的类别：$\mathrm{identity}(y) = \underset{i}{\mathrm{argmin}} \, d_i(y)$。

10.2.2　问题优化

传统稀疏描述算法因计算效率低难以满足实际应用需要。即使使用公开的标准人脸库进行分类，传统的稀疏描述人脸识别方法也不能高效地给出分类结果。例如，在煤矿井下的人脸识别系统中，人脸识别应用常采用的是嵌入式系统，传统的稀疏描述人脸识别方法无法满足实时应用的需要，对应的嵌入式系统也无法满足稀疏描述方法的高计算复杂度的需要，因此，对传统的稀疏描述人脸识别方法进行改进是很有必要的。

传统稀疏描述人脸识别方法计算复杂度高的原因主要包括：稀疏描述方法的目标函数决定了其不存在解析解，只能通过迭代计算求得稀疏表示系数，即为了求得最优表达测试样本的全体训练样本线性组合的"稀疏"系数，目标函数中运用了求解 L_1 范数的最小约束问题，只能进行迭代计算而不存在解析解。此外，稀疏描述人脸识别方法对应的物理意义合理性并不十分清晰，是否系数越稀疏识别精度越高还缺少理论依据，且哪些系数应该为零等问题。

针对稀疏描述方法计算效率低的问题，尤其是对于有遮挡的人脸图像中，遮挡字典中的过多元素大大增加了稀疏描述方法的计算复杂度。与 Gabor 变换、Contourlet 变换等为代表的多尺度几何分析方法相比，Shearlet 变换具有在方向变换上没有数目的限制、对图像数据具有更强的稀疏表示能力的优势，这里利用

Shearlet 变换构建多尺度稀疏模型。因此，本节利用 Shearlet 变换与稀疏表示相结合，构建多尺度稀疏表示模型，在 10.4 节进行具体描述。

　　然而，上述解决办法仍需要求解 L_1 范数的优化问题，并没有从第一个根本影响因素上解决稀疏描述计算效率低的问题。到目前为止，共有 5 种解决 L_1 范数优化问题的方法，分别为梯度投影法（gradient projection，GP）、同伦法（homotopy）、迭代收缩阈值法（iterative shrinkage-thresholding，IST）、近似梯度法（proximal gradient，PG）和扩展拉格朗日乘子法（augmented Lagrange multiplier，ALM）。

　　CMU PIE 数据库（CMU pose，illumination，and expression）是用 13 个同步高质量摄像头和 21 个闪光灯在卡内基·梅隆大学拍摄的，包含 68 人，共 41 368 幅图像。在此人脸库中对以上 5 种解决 L_1 范数优化问题的方法进行实验，表 10-1 统计了平均识别精度。

表 10-1　5 种快速 L_1 范数优化算法的平均识别精度　　　　（单位：%）

图像被腐蚀程度	0	20	40	60	80
梯度投影法	98.64	99.60	97.84	96.57	21.93
同伦法	99.88	99.88	99.91	98.67	27.90
迭代收缩阈值法	99.69	99.47	98.80	90.51	21.10
近似梯度法	99.85	99.72	99.04	86.74	19.96
扩展拉格朗日乘子法	99.81	99.88	99.85	96.17	29.01

　　由表 10-1 可知，随着腐蚀比例的变化，在所有方法中同伦法识别效果整体最好，而随着腐蚀比例的不断增大，近似梯度法整体识别率下降最快，识别效果相对最差，在腐蚀比例为 20% 时同伦法与扩展拉格朗日乘子法的识别率相当。因此，可根据不同的腐蚀比例情况选用不同的方法。在此人脸库中对以上 5 种解决 L_1 范数的优化问题的方法进行实验，表 10-2 统计了平均运行时间。

表 10-2　5 种快速 L_1 范数优化算法的运行时间　　　　（单位：s）

图像被腐蚀程度	0	20%	40%	60%	80%
梯度投影法	19.48	18.44	17.47	16.99	14.37
同伦法	0.33	2.01	4.99	12.26	20.68
迭代收缩阈值法	6.64	10.86	16.45	22.66	23.23
近似梯度法	8.78	8.77	8.77	8.08	8.66
扩展拉格朗日乘子法	18.91	18.85	18.91	12.21	11.21

　　由表 10-2 可知，当图像腐蚀程度小于 40% 时，同伦法计算效率是最高的，随着图像被腐蚀程度的增加，同伦法的计算时间增长较快，而近似梯度法的计算时间随着腐蚀程度的改变基本保持不变。因此，针对不同的情况，需综合考虑识别效果与计算时间两大因素，选择合适的方法。

10.3　快速稀疏描述人脸识别算法

10.3.1　问题描述

本节介绍的快速稀疏描述人脸识别算法，其基本思想为首先确定与测试样本接近的相似的训练样本，然后用确定的这些训练样本线性表示测试样本。

首先，假设共有 L 个类别图像，把 S 个和测试样本距离最小的训练样本作为"最佳"训练样本，并记录这些"最佳"训练样本的类别标签。假设测试样本 y 的 S 个"最佳"训练样本为 $x_1, x_2, \cdots, x_s$，则这些"最佳"训练样本的类别标签组成的集合为 $C = \{c_1, c_2, \cdots, c_d\}$。显然，$d$ 必定小于 S 和 L，即 C 为集合 $\{1, 2, \cdots, L\}$ 的一个子集。

其次，将变换后的测试样本表达为确定的 S 个"最佳"训练样本的线性组合，假设式（10-8）近似成立，即

$$y = a_1 x_1 + a_2 x_2 + \cdots + a_s x_s \tag{10-8}$$

式中，$a_i(i = 1, 2, \cdots, s)$ 为系数；y 为测试样本；x 为训练样本；$a_i x_i$ 为第 i 个"最佳"训练样本对于测试样本的贡献。将式（10-8）表示为矩阵的形式，即

$$y = XA \tag{10-9}$$

式中，$A = [a_1, a_2, \cdots, a_s]^T$；$X = [x_1, x_2, \cdots, x_s]$。要求 XA 与测试样本特征 y 之间有最小的偏差，且解向量 A 的范数最小。因此，将式（10-10）的最小化作为目标函数，即

$$L(A) = \| y - XA \|^2 + \gamma \| A \|^2 = (y - XA)^T (y - XA) + \gamma A^T A \tag{10-10}$$

式中，γ 为一个小的正常数。依据拉格朗日定理，最优的 A 应满足 $\partial L(A) / \partial A = 0$。因此，稀疏描述方法的最优解为

$$A = (X^T X + \gamma I)^{-1} X^T y \tag{10-11}$$

式中，I 是单位矩阵。

最后，某一测试样本的 S 个"最佳"训练样本中来自第 $j(j \in C)$ 类的所有"最佳"为 $x_s, \cdots, x_t$，则第 j 类对于测试样本的贡献为

$$t_j = b_s x_s + \cdots + b_t x_t \tag{10-12}$$

第 j 类与测试样本特征 y 间的偏差为

$$d_j = \| y - t_j \|, \ j \in C \tag{10-13}$$

令

$$k = \underset{j}{\operatorname{argmin}} \, d_j \tag{10-14}$$

若 d_j 越小，则第 j 类在描述测试样本中所做的贡献越大。因此，根据贡献度的大小确定测试样本的类别，测试样本 y 被分到第 k 类。

10.3.2　可行性分析

本节所介绍的快速稀疏描述人脸识别方法与 2.6 节中所提到的最近邻分类器（NN）有所不同，最近邻分类器仅是将测试样本分类到"距离"最近的训练样本所在的类别，即便是后续学者提出的 K 近邻分类器（KNN）方法也与此方法有很大不同：KNN 方法同等对待所有"K 个"近邻的训练样本，并没有充分利用这些不同的训练样本在最终分类识别中所起的决策作用，而本节介绍的快速稀疏描述人脸识别方法是运用了不同训练样本对测试样本最终分类的决策信息。具体描述如式（10-8）所示，是针对每个"最佳"训练样本设定的系数来确定这些训练样本在描述测试样本时所做的贡献，从而最终将测试样本分类到对测试样本所做贡献最大的类别，且贡献的大小主要是由系数决定的，系数矩阵 A 是由 $A = (X^T X + \gamma I)^{-1} X^T y$ 求得的，且 $X^T y = [x_1^T y, x_2^T y, \cdots, x_S^T y]^T$，当样本列向量为单位向量时，有 $X^T y = [\cos\theta_1, \cos\theta_2, \cdots, \cos\theta_n]^T$，即当第 i 个"最佳"训练样本与测试样本相似性越大时，$\cos\theta_i$ 的值就越大。因此，除了确定 S 个"最佳"训练样本的计算代价外，此快速稀疏描述方法的计算代价主要是求解一个线性方程组的计算代价。因此，此方法合理、简单且易于实现。

10.4　差异性 Shearlet 特征的快速稀疏描述人脸识别算法

10.4.1　多尺度多方向的 Shearlet 特征融合

目前，对 Shearlet 特征的融合多是在特征层和决策层。如先对图像进行分块，最终在决策层进行融合或将 Shearlet 特征在特征层进行融合，但这些融合方法仍有改进的空间。首先，决策层的融合往往不能发掘更多的特征信息；其次，特征层的融合平等对待所有特征，忽视了不同特征会对分类有不同的影响。匹配得分融合方法相比于以上两种融合方法往往能取得较优的鉴别性能：与决策层只对表示类别的整数进行融合相比，匹配得分融合是以实数形式的匹配得分进行融合，因此融合了更多的信息；与特征层融合相比它首先独立对待将要融合的各特征，在得到其各自的识别结果之后再进行融合，更好地运用了各特征。

基于以上分析，为进一步提高人脸识别性能，本节提出一种差异性 Shearlet 特征的快速稀疏描述人脸识别方法。首先，对图像采用 Shearlet 变换得到多尺度多方向的人脸特征，利用匹配得分融合策略对各个尺度下 Shearlet 特征的幅值和相位编码进行融合，构成具有差异性的特征；然后，利用得到的融合特征构造针对每个测试样本的"最佳"稀疏字典并计算相关系数；最后，依据某类在描述测试样本中所做的贡献大小，实现对测试样本的分类识别。

这里运用匹配得分融合策略对各个尺度下 Shearlet 特征的幅值和相位编码进行融合，构成具有差异性的特征。对图像进行 4 尺度 8 方向的分解，融合步骤如下。

首先，对各个尺度利用不同方向的特征幅值构建幅值矩阵；同时，对各个尺度利用所有的特征相位编码来构建相位矩阵。如果有 i 个尺度，那么每幅人脸图像就对应 i 个幅值矩阵和 i 个相位矩阵。

令 $\boldsymbol{X}_f^i$ 和 $\boldsymbol{Y}_f$ 分别表示 f 尺度下第 i 个训练样本和测试样本的幅值矩阵，两者之间的距离为

$$d_i^f = \left\| \boldsymbol{X}_f^i - \boldsymbol{Y}_f \right\| \tag{10-15}$$

这里令 I 为 Shearlet 特征，使用 1、2、3、4 对"相位"C 编码，结果如下：

$$C(m,n)=1, \quad 如果 \operatorname{Re}(I(m,n)) > 0 \text{ 且 } \operatorname{Im}(I(m,n)) > 0 \tag{10-16}$$

$$C(m,n)=2, \quad 如果 \operatorname{Re}(I(m,n)) > 0 \text{ 且 } \operatorname{Im}(I(m,n)) \leqslant 0 \tag{10-17}$$

$$C(m,n)=3, \quad 如果 \operatorname{Re}(I(m,n)) \leqslant 0 \text{ 且 } \operatorname{Im}(I(m,n)) \leqslant 0 \tag{10-18}$$

$$C(m,n)=4, \quad 如果 \operatorname{Re}(I(m,n)) \leqslant 0 \text{ 且 } \operatorname{Im}(I(m,n)) > 0 \tag{10-19}$$

令 $\tilde{\boldsymbol{X}}_f^i$ 和 $\tilde{\boldsymbol{Y}}_f$ 表示尺度为 f 时第 i 个训练样本和测试样本的相位矩阵，两者之间的距离为

$$\tilde{d}_i^f = \left\| \tilde{\boldsymbol{X}}_f^i - \tilde{\boldsymbol{Y}}_f \right\| \tag{10-20}$$

然后，采用归一化的匹配得分，即

$$e_i^f = \frac{d_i^f - d_{\min}^f}{d_{\max}^f - d_{\min}^f} \tag{10-21}$$

$$\tilde{e}_i^f = \frac{\tilde{d}_i^f - \tilde{d}_{\min}^f}{\tilde{d}_{\max}^f - \tilde{d}_{\min}^f} \tag{10-22}$$

式中，$d_{\max}^f$ 和 $d_{\min}^f$ 分别为 d_i^f 的最大值和最小值；$\tilde{d}_{\max}^f$ 和 $\tilde{d}_{\min}^f$ 分别为 $\tilde{d}_i^f$ 的最大值和最小值。显然，$0 \leqslant e_i^f, \tilde{e}_i^f \leqslant 1$。

最终匹配得分融合公式为

$$d_i = q_1 \sum_{f=f_1}^{f_2} e_i^f + q_2 \sum_{f=f_1}^{f_2} \tilde{e}_i^f \tag{10-23}$$

式中，q_1 和 q_2 为权值。由此，利用各个子图的匹配得分，可构造出具有较优区别性的特征。

10.4.2　分类识别

稀疏描述分类方法在训练样本足够充分时，测试样本可用其同类的训练样本线性表示，而其他类的线性系数为零或接近于零。针对实际情况训练样本数量有限的问题，仅选用"最佳"训练样本对测试样本进行线性表示，从而排除远离测

试样本或与测试样本很不相似的训练样本对最终分类决策产生的负面影响。算法的主要步骤如下。

首先，假设共有 L 个类别图像，根据式（10-23）将经 Shearlet 变换后的 S 个和测试样本特征距离最小的训练样本特征对应的训练样本作为"最佳"训练样本，并记录这些"最佳"训练样本的类别标签。假设测试样本 y 的 S 个"最佳"训练样本为 $x_1, x_2, \cdots, x_S$，则这些"最佳"训练样本的类别标签组成的集合为 $C = \{c_1, c_2, \cdots, c_d\}$。显然，$d$ 必定小于 S 与 L，即 C 为集合 $\{1, 2, \cdots, L\}$ 的一个子集。

然后，将变换后的测试样本 y' 表达为所确定的 S 个"最佳"训练样本的线性组合，即

$$y' = a_1 x_1' + a_2 x_2' + \cdots + a_S x_S' \qquad (10\text{-}24)$$

式中，$a_i (i=1, \cdots, S)$ 为系数；y' 为经 Shearlet 变换的测试样本特征；x' 为经 Shearlet 变换的训练样本特征；$a_i x_i'$ 为第 i 个"最佳"训练样本对于测试样本的贡献。

将式（10-24）表示为矩阵形式，即

$$y' = XA \qquad (10\text{-}25)$$

式中，$A = [a_1, a_2, \cdots, a_S]^{\mathrm{T}}$；$X = [x_1', x_2', \cdots, x_S']$。

这里要求 XA 与测试样本特征 y' 之间有最小的偏差，且解向量 A 的范数最小。因此，将式（10-26）的最小化作为目标函数，即

$$L(A) = \left\| y' - XA \right\|^2 + \gamma \left\| A \right\|^2 = (y' - XA)^{\mathrm{T}} (y' - XA) + \gamma A^{\mathrm{T}} A \qquad (10\text{-}26)$$

式中，γ 为一个小的正常数。

依据拉格朗日法，最优的 A 应满足 $\dfrac{\partial L(A)}{\partial A} = 0$。因此基于 Shearlet 变换的稀疏描述方法的最优解为

$$A = (X^{\mathrm{T}} X + \gamma I)^{-1} X^{\mathrm{T}} y \qquad (10\text{-}27)$$

式中，I 为单位矩阵。

最后，某一测试样本的 S 个"最佳"训练样本中来自第 j（$j \in C$）类的所有"最佳"为 $x_S', \cdots, x_t'$，则第 j 类对于测试样本的贡献为

$$t_j = b_S x_S' + \cdots + b_t x_t' \qquad (10\text{-}28)$$

第 j 类与测试样本特征 y' 间的偏差为

$$d_j = \left\| y' - t_j \right\|, \ j \in C \qquad (10\text{-}29)$$

令

$$k = \underset{j}{\mathrm{argmin}}\, d_j \qquad (10\text{-}30)$$

这里根据贡献度的大小确定测试样本的类别。若 d_j 越小，则第 j 类在描述测试样本中所做的贡献越大。因此，测试样本 y 被分到第 k 类。

图 10-3 给出了算法步骤。

图 10-3　算法步骤框图

10.4.3　算法步骤

针对人脸识别过程中最重要的特征提取与分类识别这两个步骤，所提差异性 Shearlet 特征的快速稀疏描述算法步骤如下。

（1）对图像进行 4 尺度 8 方向的 Shearlet 分解。

（2）运用式（10-23）的匹配得分策略针对各尺度、方向子图进行融合，得到具有较优的差异性特征。

（3）根据式（10-23）把 S 个和测试样本距离最小的训练样本作为"最佳"训练样本 $x_1, x_2, \cdots, x_S$，并记录这些"最佳"训练样本的类别标签，即为集合 $C = \{c_1, c_2, \cdots, c_d\}$。

（4）根据式（10-24）将变换后的测试样本 y' 表达为所确定的 S 个"最佳"训练样本的线性组合。

（5）由式（10-27）求得稀疏描述系数。

（6）计算针对当前测试样本的 S 个"最佳"训练样本中来自第 j 类的所有"最佳"训练样本对测试样本所做的贡献 t_j。

（7）根据式（10-29）计算所有"最佳"训练样本来自的类，如第 j 类与测试样本特征 y' 间的偏差 d_j。

（8）由式（10-30）确定测试样本所属类别。

10.5　实验结果与分析

为验证该算法的有效性，在 MATLAB 7.0 的环境下进行实验。人脸库分别选用 ORL 人脸库与 YALE 人脸库，并与已有算法，包括基于 Gabor 的最近邻算法（Gabor+KNN）与稀疏描述算法（Gabor+SRC）、基于 Contourlet 的最近邻算法（Contourlet+KNN）与稀疏描述算法（Contourlet+SRC）、基于 Shearlet 的最近邻算法（Shearlet+KNN）与稀疏描述算法（Shearlet+SRC）以及一种基于 Shearlet 的自适应加权融合的稀疏描述算法（AWF_SSRC）进行比较。

10.5.1　ORL 人脸库中人脸识别实验

ORL 人脸库包含 40 个人，每个人包含不同角度、光照和面部表情变化的 10

幅图像，共 400 幅图像。图 10-4 给出了 ORL 库中某类样本的 10 幅图像。

图 10-4　ORL 库中某类样本的全部图像

本节算法的目标函数中有一个"最佳"训练样本个数的参数 S，这里需要进行实验来估计合适的参数值。图 10-5 就本节分类算法、全局描述算法和 KNN 这 3 种算法在每类样本中分别包含 5 个及 6 个训练样本的识别错误率与"最佳"训练样本个数 S 之间的关系进行了统计，（ORL，n）表示在 ORL 人脸库上每类样本包含 n 个训练样本。

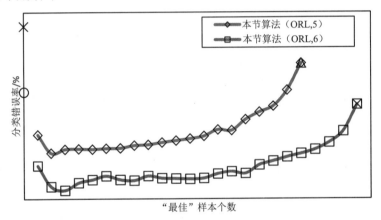

图 10-5　ORL 库中"最佳"样本个数与分类错误率的关系

图 10-5 中两条曲线分别表示本节算法下每类包含 5 个训练样本和 6 个训练样本的情况；纵轴上的叉号和圆圈代表 5 个和 6 个训练样本情况下 KNN 算法的平均分类错误率；两条曲线的结尾为当"最佳"训练样本个数 S 为训练样本总数时的分类错误率，此时本节方法相当于一种全局描述方法。由图 10-5 可知，在训练样本数目相同的情况下，只要"最佳"训练样本个数选择恰当，本节算法的错误识别率约是 KNN 算法错误识别率均值的一半；且随着"最佳"训练样本个数的增加，分类错误率也在升高，可见稀疏描述算法与全局描述算法相比更具优势。因此，在本节后续的实验中，每类样本选用 6 个训练样本，"最佳"训练样本个数 S 为 30 个。

在 ORL 人脸库中随机选取每个人的 6 幅图像构成训练样本集，剩余图像构成测试样本集，最后取平均值作为识别结果（王国强等，2015）。为了降低计算复杂度、噪声以及避免小样本问题，用 PCA 作为 Gabor+KNN、Gabor+SRC、

Contourlet+KNN、Contourlet+SRC、Shearlet+KNN、Shearlet+SRC 和 AWF_SSRC 的一个预处理方法。图 10-6 给出了在 ORL 人脸库中以上几种算法在不同特征维数下的识别率。

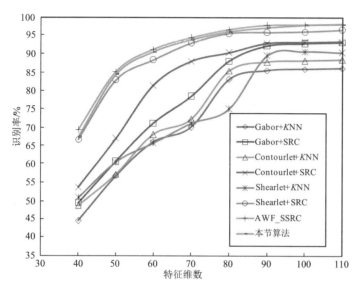

彩图 10-6

图 10-6　ORL 库中 8 种算法随特征维数变化的识别率曲线

由图 10-6 可以看出，所有算法的识别率随着特征维数的增加呈现先升高然后基本保持稳定的趋势：3 种变换与 KNN 分类相结合的方法最终最优识别率在接近 90%时基本不再升高，其中，Shearlet 变换与 KNN 分类相结合的方法在特征维数增加时，识别率相对不够稳定；3 种变换与稀疏描述分类相结合的方法随着特征维数从较低维到较高维的变化识别率都比 KNN 分类方法高，其中，本节算法与 AWF_SSRC 方法识别效果最好，结果接近一致。

表 10-3 给出了这 8 种算法在特征维数为 100 维时的识别率和对应的运行时间。

表 10-3　ORL 库中不同算法识别性能比较

方法	识别率/%	识别时间/ms
Gabor+KNN	85.68	198
Contourlet+KNN	88.40	196
Shearlet+KNN	89.87	184
Gabor+SRC	93.41	250
Contourlet+SRC	94.68	239
Shearlet+SRC	96.81	200
AWF_SSRC	98.40	256
本节算法	98.36	198

由表 10-3 可知，利用 SRC 分类方法在识别率上相较于 KNN 分类方法有很大的提高，但识别时间上与 KNN 方法相比没有优势；利用 Shearlet 变换对图像进行处理，与 Gabor 变换、Contourlet 变换的识别率和识别时间相比都更具优势；与加权融合的稀疏表征人脸识别算法相比，本节算法在保证高识别率的同时加快了识别速度。

10.5.2　YALE 库中人脸识别实验

考虑到煤矿环境中光照和遮挡变化尤为突出的问题，而 ORL 人脸库所包含的变化因素不足，为进一步验证算法的有效性，本小节采用光照、表情变化更突出，尤其包含更多遮挡因素的 YALE 人脸库进行实验，来进一步接近矿工人脸变化，加大人脸识别难度。

YALE 人脸库包含 15 人，每人包括不同光照、表情和小幅遮挡变化的 11 幅图像，共 165 幅图像。本节采用前 6 幅作为训练图像，后 5 幅作为测试图像，当所有的测试图像循环一遍之后，将识别结果的平均值作为最后的统计识别结果。图 10-7 给出了 YALE 库中某类样本的 11 幅图像。

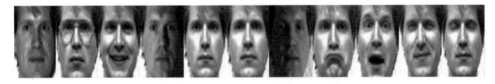

图 10-7　YALE 库中某类样本的 11 幅图像

表 10-4 给出了本节算法与所列出的其余算法在 YALE 库上的平均识别率和识别时间。

表 10-4　YALE 库中不同算法识别性能比较

方法	识别率/%	识别时间/ms
Gabor+KNN	81.33	231
Contourlet+KNN	84.00	230
Shearlet+KNN	88.12	224
Gabor+SRC	93.32	310
Contourlet+SRC	94.56	313
Shearlet+SRC	94.67	246
AWF_SSRC	97.33	298
本节算法	97.26	231

由表 10-4 可知，同样得到在利用相同多尺度变换方法的情况下，SRC 分类方

法在识别率上与 *KNN* 分类方法相比有很大的提高；在利用相同分类方法的情况下，Shearlet 变换对图像进行处理与 Gabor 变换、Contourlet 变换对最终识别率和识别时间相比都更具优势。整体分析识别率与识别时间可知，本节算法在保证高识别率的同时加快了识别速度。

对比表 10-3 和表 10-4 可知，由于人脸库的不同，人脸识别难度加大，表 10-4 中识别率与识别时间平均提高水平不如表 10-3，但两种人脸库在保证高识别率的同时，计算时间都降低了约 22%。

第11章 结 束 语

　　完善的井下视频监控系统是煤矿安全管理工作的重要组成部分,而身份认证、身份识别、井下火灾检测、矿工检测技术是井下视频监控智能分析技术的关键问题。然而,煤矿生产环境的多样性和复杂性使得图像增强、井下火灾检测、人员检测等技术一直是煤矿视频监控领域研究的热点问题。为了有效完成煤矿井下智能视频分析技术中图像增强与人员检测中存在的难点,保障矿工的人身安全、维护国家的财产安全,需要研究更多针对煤矿特殊环境的准确性高、实时性好的算法。本书围绕煤矿井下视频监控智能分析技术存在的难点展开研究,主要的研究内容有以下几点。

　　(1)介绍了图像处理的相关技术,对常用的均值滤波、中值滤波、小波、傅里叶变换等算法进行了介绍,并做了相关模拟实验。

　　(2)采用改进的三帧差法融合 ViBe 运动检测算法解决了 ViBe 算法存在的空洞、鬼影等问题。分析了火焰图像在 HSV 颜色空间、YCbCr 空间的分布特征,并基于统计学得出火焰的颜色识别规则,提出了基于运动检测和颜色阈值的火焰分割算法。实验表明,本书所提算法具有较高的检测率,实时性较好。根据火焰与灯光等常见干扰物的差异,选取火焰的火焰面积特征、边缘特征、纹理特征、闪频特征、圆形度特征,并给出了特征提取方法,基于这些特征给出了基于 SVM 的火焰监测算法。针对 SVM 的核函数选择进行了仿真实验,分析得出径向基函数比较适合火焰图像的检测。

　　(3)针对煤矿井下光照不均、光线整体昏暗、空中飘浮大量煤尘以及喷水除尘造成的水汽等因素对视频图像的影响,使用模糊理论消除煤矿井下视频图像光照不均匀和昏暗造成的影响,然后再结合暗原色先验模型消除雾尘对图像的影响。本书使用的方法避免了直方图均衡化方法造成的亮处面积更大、更亮的缺陷,同时比仅使用模糊增强的方法得到的视频图像细节更加清晰。实验结果证明,经过本书方法处理的视频图像能够满足监控人员视觉的需求,通过图像的各项指标参数(均值、标准差、信息熵、平均梯度)的比较,可以看出本书使用的方法是最优的。

　　(4)煤矿井下视频监控的主要目的是及时掌握井下人员的分布信息,在 HOG 特征和 SVM 分类器进行人员检测的基础上,结合煤矿井下环境特点,以及其高实时性的要求,首先使用帧间差分法完成视频图像背景的更新,然后提取人员目标的前景轮廓区域,使用法国国家信息与自动化研究所提供的动态视频序列统计出单人图像轮廓的特征参数范围，使用这些特征参数对当前视频中提取出的轮廓区域进行阈值判断，对于不能确定的运动目标再使用 HOG+SVM 方法对该运动区域进行滑动检测，判断是否存在行人。采集大量煤矿井下视频图像，对其进行规范化处理，完成人员检测分类器的训练工作，并使用 PCA 对提取出来的 HOG 特征降维。实验证实该方法能够实现煤矿井下人员检测实时、高效、准确的目标。

（5）在深入研究变换域人脸特征提取的基础上，首先针对矿井下收集的人脸图像易受煤尘干扰且一般局部化方法对噪声比较敏感的问题，提出一种基于 Shearlet 变换的煤矿井下图像差异性特征提取方法，很好地提取了矿工人脸的特征信息；其次，对后期添加的噪声与因工作脸部受煤尘污染的干扰图像，提取效果良好，为后续煤矿井下人脸分类识别打下了很好的基础，具有现实意义。

（6）在对原有稀疏描述方法因计算复杂度高而难以满足实际需求以及对训练样本个数敏感的问题，提出基于差异性 Shearlet 特征的快速稀疏描述人脸识别方法。本识别算法在保证高识别率的同时，计算时间降低了约 22%，为解决煤矿井下人脸难以识别问题打下了良好的技术理论基础。

下一步的工作将从以下几个方面开展。

（1）火灾发生时虽然具有火焰特征，但常伴有烟雾，烟雾同样呈现出颜色、形状、纹理等特征，今后的研究为提高火灾检测的准确性，可以将两者的检测融合。火焰本身不仅具有静态特征和动态特征，同时其还具有发热的特性，今后的研究可以利用这一特性，将红外图像与可见光图像进行综合考虑。由于运动检测算法的缺陷，导致算法对背景中含有类似火焰颜色运动物体的干扰比较敏感，因此可以考虑显著性算法结合火焰颜色完成火焰图像的分割。

（2）书中使用的矿工检测核心技术是机器学习方法，众所周知，机器学习方法的使用涉及非常多的样本，而人体的非刚性特征使得样本情况更加多样化。本书选取的正样本多是直立的正常行走矿工，对于如弯腰、下蹲等行为以及被遮挡面积较大的矿工检测也会失败。鉴于以上情况，未来的工作可以使用更多特征融合的方法来描述人体的轮廓特征，采集更多的正负样本来完成人员检测分类器的训练。为了进一步加快矿工检测的速度，当检测到矿工存在时，在后续的图像中使用跟踪技术，不再重复检测每一帧视频，以降低检测的计算量，同时提高检测的准确度是下一步的研究目标。

（3）Shearlet 变换的分解尺度方向数与识别结果之间更精确的关系。何种尺度、几种方向的 Shearlet 变换在人脸特征提取尤其是在矿工人脸图像中会达到最佳效果，至今仍未定论，仅是采用了之前研究人员的经验。这也是今后需要完善与研究的方向。

参 考 文 献

安闻川，2011．视频火灾烟雾检测相关方法研究[D]．哈尔滨：哈尔滨理工大学．

边肇祺，张学工，2000．模式识别[M]．北京：清华大学出版社．

陈立潮，张秀琴，潘理虎，等，2015．煤矿考勤系统中人脸识别算法的研究[J]．工矿自动化，41(4)：69-73．

陈莹，吴爱国，2006．基于图像处理的火灾监测系统软件设计[J]．低压电器，60(1)：32-35．

陈志敏，2011．浅谈创建质量标准化矿井[J]．安全生产与监督，45(1)：32-33．

程鑫，2005．图像型火灾火焰探测报警系统[D]．南京：东南大学．

崔磊，杨兴全，2011．数字图像常用空间域滤波算法仿真与分析[J]．科技致富向导，19(27)：232-243．

邓晓飞，徐蔚鸿，2013．一种结合多特征的 SVM 图像分割方法[J]．计算机工程与科学，35(2)：154-158．

高仕博，程咏梅，肖利平，等，2015．面向目标检测的稀疏表示方法研究进展[J]．电子学报，43(2)：320-325．

郭珈，王孝通，胡程鹏，等，2012．基于单幅图像景深和大气散射模型的去雾方法[J]．中国图象图形学报，17(1)：
　　27-32．

胡金金，2014．基于光流法的运动目标快速跟踪算法研究[D]．西安：西安电子科技大学．

黄景星，吴伟隆，龙楚君，等，2014．基于 OpenCV 的视频运动目标检测及其应用研究[J]．计算机技术与发展，
　　24(3)：15-18．

黄凯奇，陈晓棠，康运锋，等，2015．智能视频监控技术综述[J]．计算机学报，38(6)：1094-1118．

季洪新，2014．基于 2DPCA 的人脸识别研究[D]．西安：西安电子科技大学．

贾明海，王海祥，2006．火灾自动报警技术的应用现状及其发展趋势[J]．中国科技信息，17(9)：207-208．

金益，姜真杰，2014．核主成分分析与典型相关分析相融合的人脸识别[J]．计算机应用与软件，31(1)：191-193，
　　270．

乐应英，2010．智能视频监控系统中目标检测与跟踪关键技术研究[D]．昆明：云南大学．

雷钦礼，2001．经济管理多元统计分析[M]．北京：中国统计出版社．

李涛，向涛，黄仁杰，等，2014．基于新的运动特征的火焰检测方法[J]．计算机仿真，30(9)：392-396．

李文举，尉秀芹，高连军，2013．基于分块 2DDCT 和（2D）2PCA 的人脸识别[J]．辽宁师范大学学报（自然科
　　学版），36(2)：174-177．

李艳，2014．基于小波变换和 PCA 类方法的人脸识别技术研究[D]．西安：西安电子科技大学．

林红章，石澄贤，2010．一种自适应双边滤波的超声图像去噪[J]．江南大学学报，9(2): 169-172．

刘青山，卢汉清，马颂德，2003．综述人脸识别中的子空间方法[J]．自动化学报，40(6)：900-911．

卢世军，2013．生物特征识别技术发展与应用综述[J]．计算机安全，19(1)：63-67．

仇国庆，蒋天跃，冯汉青，等，2013．基于火焰尖角特征的火灾图像识别算法[J]．计算机应用与软件，30(12)：
　　52-55．

秦攀，2014．光照鲁棒的人脸检测和人脸识别方法研究[D]．上海：华东理工大学．

沈清，汤森，1991．模式识别导论[M]．长沙：国防科技大学出版社．

孙继平，2010．煤矿安全生产监控与通信技术[J]．煤炭学报，34(11)：1924-1929．

孙继平，2010．煤矿井下人员位置监测技术与系统[J]．煤炭科学技术，38(11)：1-4．

王丹，周锦程，2010．基于 NSCT 的图像融合算法[J]．计算机系统应用，19(12)：185-189．

王国强，石念峰，郭晓波，等，2015．判别稀疏保持嵌入及其在人脸识别中的应用[J]．光电工程，42(6)：8-13．

王文豪，陈晓兵，刘金岭，2014．基于连通区域和 SVM 特征融合的火灾检测[J]．计算机仿真，30(1)：383-387．

王燕，公维军，2011．双阈值级联分类器的加速人脸检测算法[J]．计算机应用，31(7)：1822-1830．

王映辉，2010．人脸识别原理、方法与技术[M]．北京：科学出版社．

吴爱国，杜春燕，李明，2008．基于混合高斯模型与小波变换的火灾烟雾探测[J]．仪器仪表学报，29(8)：1622-1626．

徐茜亮，霍振龙，2013．人脸识别技术在矿井人员管理系统中的应用[J]．工矿自动化，39(8)：6-8．

徐勇，范自柱，张大鹏，2014．基于稀疏算法的人脸识别[M]．北京：国防工业出版社．

徐争元，张成，韦穗，2013．稀疏表示人脸识别算法的研究与改进[J]．计算机仿真，30(6)：405-408．

许志远，2010．雾天降质图像增强方法研究及 DSP 实现[D]．大连：大连海事大学．

薛振华，2010．煤矿安全事故致因因素研究[D]．西安：西北工业大学．

延秀娟，2011．矿山井下人员人脸检测系统设计与实现[J]．计算机技术与发展，21(4)：145-148．

禹晶，李大鹏，廖庆敏，2011．基于物理模型的快速单幅图像去雾方法[J]．自动化学报，37(2)：143-149．

张鸿杰，王宪，孙子文，2014．Shearlet 多方向自适应加权融合的稀疏表征人脸识别[J]．光电工程，41(12)：66-71．

张楠，2013．基于视频图像的火灾检测与识别方法研究[D]．广州：华南理工大学．

张谢华，2013．煤矿智能视频监控系统关键技术的研究[D]．徐州：中国矿业大学．

张秀琴，陈立潮，潘理虎，等，2014．基于 DCT 和分块 2D2PCA 的人脸识别[J]．太原科技大学学报，35(4)：333-338．

朱蕾，2010．基于视频监控的火灾特征检测系统[D]．吉林：吉林大学．

AGGARWAL A K, CAI Q，1999. Human motion analysis: a review [J]. Computer Vision and Image Understanding，
    73(3): 428-440.

ALLEN A, 1950. Personal Descriptions[M]. London: Butterworth.

BARASH D, 2000. Bilateral filtering and anisotropic diffusion: towards a unified viewpoint [EB/OL]. (2000-08-14)
    [2019-01-10]. http: // www.hpl.hp.com/ techreports/2000/HPL-2000-18R1.pdf.

BARNICH O, VAN DROOGENBROECK M, 2011. ViBe: A universal background subtraction algorithm for video
    sequences[J]. IEEE Transactions on Image Processing, 20(6):1709-1724.

BASCLE B, DERICHE R, 1995. Region tracking through image sequences[C]// Proceedings of IEEE International
    Conferences of Computer Vision. Cambridge: IEEE: 302-307.

CAPPELLINI V, MATTII L, MECOCCI A, 1989. An intelligent system for automatic fire detection in forests[C]//
    International Conference on Image Processing and ITS Applications. Warwick:IET:563-570.

CELIK T, DEMIREL H, OZKARAMANLI H, 2006. Automatic fire detection in video sequences[C]// European Signal
    Processing Conference. Florence: IEEE: 1-5.

CHEN T H, WU P H, CHIOU Y C, 2005. An early fire-detection method based on image processing[C]// International
    Conference on Image Processing. Singapore:IEEE 3:1707-1710.

COOTES T F, TAYLOR C J, COOPER D H, 1994. Active shape models-their training and application[J]. Computer Vision and Image Understanding, 61(1): 38-49.

COOTES T F, TAYLOR C J, 1996. Locating faces using statistical feature detectors[C]// International Conference on Automatic Face and Gesture Recognition. Killington: IEEE Computer Society: 204-209.

DALAL N, TRIGGS B, 2005. Histograms of oriented gradients for human detection [C]// IEEE Conference on Computer Vision and Pattern Recognition. San Diego: IEEE Computer Society, 1: 886-893.

DEUTSCHER J, BLAKE A, REID I, 2000. Articulated body motion capture by annealed particle filtering[C]// IEEE Conference on Computer Vision and Pattern Recognition. Hilton Head: IEEE, 2:126-133.

DIMITROPOULOS K, BARMPOUTIS P, GRAMMALIDIS N, 2015. Spatio-temporal flame modeling and dynamic texture analysis for automatic video-based fire detection[J]. IEEE Transactions on Circuits and Systems for Video Technology, 25(2): 339-351.

DREUW P, STEINGRUBE P, HANSELMANN H, et al, 2009. SURF-Face: Face Recognition Under Viewpoint Consistency Constraints[C]// BMVC. London: BMVA: 1-11.

FATTAL R, 2008. Single image dehazing[J]. ACM Transactions on Graphics, 27(3): 1-9.

GAVRILA D M, 1998. Multi-feature hierarchical template matching using distance transforms[C]// IEEE 14th International Conference on Pattern Recognition. Brisbane: IEEE, 1: 439-444.

GAVRILA D M, PHILOMIN V, 1999. Real-time object detection for "smart" vehicles[J]. IEEE International Conference on Computer Vision, 57(2): 87-93.

GÜNAY O, TAŞDEMIR K, TÖREYIN B U, et al, 2009. Video based wild fire detection at night[J]. Fire Safety Journal, (3): 1-32.

GUO K, LABATE D, 2008.Optimally sparse multidimensional representation using Shearlets[J]. SIAM Journal on Discrete Mathematics, 39 (1): 298-318.

HE K, SUN J, TANG X O, 2009. Single image haze removal using dark channel prior[C]// Conference on Computer Vision and Pattern Recognition. Miami: IEEE: 1956-1963

HEALEY G, SLATER D, LIN T, et al., 1993. System for real-time fire detection[C]// IEEE Conference on Computer Vision and Pattern Recognition. Berlin: IEEE Computer Society: 605-606.

JAIN A K, ROSS A, PRABHAKAR S, 2004. An introduction to biometric recognition[J]. IEEE Transactions on Circuits and Systems for Video Technology, 14(1): 4-20.

JOLLIFFE I, 2004. Principal component analysis[M]. New York: John Wiley & Sons, Ltd.

JOSHI K A, THAKORE D G, 2012. A survey on moving object detection and tracking in video surveillance system[J]. International Journal of Soft Computing and Engineering, 2(3): 44-88.

LEUNG M K, YANG Y H, 1995. First sight: A human body outline labeling system[J]. IEEE Transactions, 17: 359-377.

LI D W, GUO J SH, 2009. Situation and development direction of dust prevention and treatment for China coal mine[J]. Metal mine, 9(11): 747-752.

LI S Z, LU J W, 1999. Face recognition using the nearest feature line method[J]. IEEE Transactions on neural network, 10(2): 439-443.

LIENHART R, KURANOV A, PISAREVSKY V, 2003. Empirical analysis of detection cascades of boosted classifiers for rapid object detection[C]// Conference on Pattern Recognition. Magdeburg: Springer: 297-304.

LIU A P，ZHOU Y，GUAN X P, 2007. Application of improved active shape model in face positioning[J]. Computer Engineering, 33(18): 227-229.

LIU C L, JIN W, CHEN Y, et al., 2010. A self-adaptive nonuniformity correction algorithm for infrared images combined with two-point correction along the rim[C]// International Conference on Computer Symposium. Tainnan: IEEE Computer Society: 240-250.

MARTINEZ M A, 2002. Recognizing imprecisely localized, partially occluded, and expression variant faces from a single sample per class[J]. IEEE Transactions on Pattern Analysis and Machine Intelligence, 24(6): 748-763.

MORLET J, ARENS G, FOURGEAU E, et al, 1982. Wave propagation and sampling theory, Parts I and II[J]. Geophysics, 47(2): 203-236.

NARASIMHAN S G, NAYAR S K, 2003. Interactive de-weathering of an image using physical model[C]// IEEE Workshop on Color and Photometric Methods in Computer Vision. IEEE: 93-102.

ORTIZ E G, WRIGHT A, SHAH M, 2013. Face recognition in movie trailers via mean sequence sparse representation-based classification[C]// Conference on Computer Vision and Pattern Recognition. Portland: IEEE: 1-8.

PARKE F I, 1972. Computer generated animation of faces[C]// ACM Conference. ACM: 451-457.

RONG J, ZHOU D, YAO W, et al., 2013. Fire flame detection based on GICA and target tracking[J]. Optics and Laser Technology, 47(4): 283-291.

SANJA F, SKOCAJ D, LEONARDIS A, 2006. Combining reconstructive and discriminative subspace methods for robust classification and regression by subsampling[J]. IEEE Transactions on Pattern Analysis and Machine Intelligence, 28(3): 337-350.

SMITH A R, 1978.Color gamut transform pairs[J]. Computer Graphics, 12(3): 12-19.

SONG W G, WU L B, LU J C,1998. The study of the image fire detection method[C]// International Conference of Safety Science and Technology. Beijing: IEEE: 78-86.

STARK J A, 2012. Adaptive image contrast enhancement using generalizations of histogram equalization[J]. IEEE Transactions on Image Processing, 9(5): 889-896.

SUMEI H, YANG X N，ZENG S T et al.，2015. Computer vision based real-time fire detection method[J]. Journal of Information and Computational science, 2(12): 533-545.

TAN R, 2008. Visibility in bad weather from a single image[C]// Conference on Computer Vision and Pattern Recognition. Anchorage: IEEE Computer Society: 1-8.

TÖREYIN B U, DEDEOĞLU Y, GÜDÜKBAY U, et al., 2006. Computer vision based method for real-time fire and flame detection[J]. Pattern Recognition Letters, 27(1): 49-58.

TURK M A, PENTLAND A P, 2002. Face recognition using eigenfaces[C]// IEEE Conference on Computer Vision and Pattern Recognition. Maui: IEEE Computer Society: 586-591.

TURK M, PETLAND A, 1991. Eigenfaces of recognition[J]. Cognitive Neuroscience, 3(1): 71-86.

VERMA A, RAJPUT N, SUBRAMANIAM L V, 2003. Using viseme based acoustic models for speech driven lip synthesis[C]// IEEE International Conference on Acoustics, Speech, and Signal Processing. Hong Kong: IEEE: 5，720-728.

VIOLA P A, JONES M J, 2003. Rapid object detection using a boosted cascade of simple features[C]// IEEE Computer Society Conference on Computer Vision and Pattern Recognition. Kauai: IEEE, (1): 511- 518.

WAGNER A, WRIGHT J, GANESH A, et al., 2012. Toward a practical face recognition system: robust alignment and illumination by sparse representation[J]. IEEE Transactions on Pattern Analysis and Machine Intelligence, 34(2): 372-386.

WANG H, FINN A, ERDINC O, et al., 2013. Spatial-temporal structural and dynamics features for Video Fire Detection[C]// IEEE Conference Applications of Computer Vision. IEEE: 513-519.

WANG W H, ZHOU H, 2012. Fire detection based on flame color and area[C]// IEEE International Conference on Computer Science and Automation Engineering. Zhangjiajie: IEEE: 222-226.

WRIGHT J, YANG A Y, GANESH A, et al., 2008. Robust face recognition via sparse representation[J]. IEEE Transactions on Pattern Analysis and Machine Intelligence, 31(2): 210-227.

YAMAGISHI H, YAMAGUCHI J, 1999. Fire flame detection algorithm using a color camera[C]// International Symposium on Micromechatronics and Human Science. Nagoya: IEEE: 255-260.

YANG J, YU K, HUANG T, 2010. Supervised translation-invariant sparse coding[C]// IEEE Conference on Computer Vision and Pattern Recognition. IEEE: 3517-3524.

YANG J, ZHANG D, FRANGI A F, et al., 2004. Two-dimensional PCA: a new approach to appearance-based face representation and recognition[J]. IEEE transactions on pattern analysis and machine intelligence, 26(1): 131-137.

YANG M, ZHANG L, YANG J, et al., 2011. Robust sparse coding for face recognition[C]// IEEE Conference on Computer Vision and Pattern Recognition. Colorado Springs: IEEE: 625-632.

YI S, LABATE D, EASLEY G, 2009. A shearlet approach to edge analysis and detection[J]. IEEE Transactions on Image Processing, 18(1): 929-941.

YOON-HO K, ALLA K, HWA Y J, 2014. RGB color model based the fire detection algorithm in video sequences on wireless sensor network[J]. International Journal of Distributed Sensor Networks, 10(4): 1-10.

ZHOU X, ZHANG H, WANG X, 2013. Face recognition based on shearlet multi-orientation features fusion and weighted histogram[J]. Opto-Electronic Engineering, 40(11): 89-94.